KB090471

쉽게 배우는

한국의 발효음식

Fermented food in Korea

최은희 저

(주)백산출판사

머리말

발효식품은 그 나라 식문화 고유의 방식으로 제조되어 음식의 근간이 되는 식품으로 서양에서는 우유나 육류 등을 발효한 제품이 주를 이룬다면 우리나라는 채소와 곡류를 주로 하여 자연으로부터 배운 친환경 가공기술로 자연환경에 알맞게 발전되어 온 선조들의 지혜의 산물입니다. 미생물이 발효하여 유기물을 분해시켜 우리의 생활에 유용하게 사용되는 물질을 만들어내는 것으로는 장, 김치, 젓갈, 장아찌, 식초, 전통주 등이 있습니다.

대표적으로 콩을 발효시켜 만든 장류, 겨울철 채소 저장을 위한 김장, 생선을 염장한 젓갈 등은 제조방법이 간단하면서도 저장성을 증대시킬 수 있는 우리의 식문화를 대표하는 발효음식으로 정착되었습니다.

이러한 발효음식을 세계적으로 알리기 위해 자연에 순응하고 우주와 조화를 이루려는 약식동원의 의미를 가진 우리의 발효음식문화를 바로 알고 전파하는 것이 우리가 해야 할 일이라 할 수 있을 것입니다.

윤서석 교수는 한국음식의 맛은 청담한 맛이라고 표현하는데, 이것은 구수한 감칠맛이 나면서 뒷맛이 개운한 묵은 된장이나, 묵은 간장의 맛이 대표적이라고 할 수 있습니다. 또 오래되어 푹 곰삭은 맛 역시 발효음식의 특징입니다.

이 책은 장, 김치, 젓갈, 장아찌, 식해 · 식혜, 전통주, 식초, 치즈 및 유제품 등으로 구성하여 일반인들도 쉽게 이해할 수 있도록 이론과 레시피를 정리 · 요약하였으며, 기본 교재로 활용할 경우에는 실습이 용이하도록 소량으로 계량하여 제작하였습니다. 또한 발효음식은 '짜다'라는 고정관념을 깨고자 여러 번의 실험 조리를 거쳐 맛있는 맛을 찾으려 노력했습니다.

이 책에 소개된 자료들은 그동안 호텔 등의 산업현장과 대학에서 연구하고 가르쳤던 내용들을 담고 있으며, 보완되고 계승되어야 할 음식들은 더 연구하여 세계화할 수 있도록 노력할 것입니다.

끝으로 『쉽게 배우는 한국의 발효음식』의 출간을 위해 애써주신 백산출판사 진욱상 사장님과 직원 여러분께 감사드리며 이 책이 식품 및 조리를 공부하는 학생들뿐 아니라 음식에 관심있는 일반 독자들에게도 알차고 유용한 가이드북으로 널리 활용되기 바랍니다.

2024년 8월

저자 드림

CONTENTS

01 이론편 : 한국의 발효음식

1장 발효식품 개론 10
2장 장(醬) 21
3장 김치 48
4장 젓갈 66
5장 장아찌 72
6장 식해(食醢) · 식혜(食醯) 80
7장 전통주 86
8장 식초(食醋) 100
9장 치즈 및 유제품 108

02 실기편 : 웰빙 저장발효음식의 실제

01 장류

메주 만들기 118
장 담그기(간장, 된장) 120
막장 122
즙장 124
담북장 126
청국장 128
찹쌀고추장 130
대추고추장 132
마늘고추장 134
고구마고추장 136
맛간장 138

간장게장 140
대하장 142

02 김치류

배추김치 146
백김치 148
열무김치 150
깍두기 152
총각김치 154
오이소박이 156
오이백김치 158
쪽파김치 160
씀바귀김치 162
고들빼기김치 164
갓김치 166
나박김치 168
장김치 170
동치미 172

03 젓갈류

오징어젓 176
어리굴젓 178
새우젓 180
조개젓 182
황석어젓 184

04 장아찌류

고추장아찌 188
버섯장아찌 190
마늘장아찌 192
두릅장아찌 194
매실장아찌 196
곰취된장장아찌 198

더덕장아찌 200
알타리무장아찌 202
오이지 204
두부간장장아찌 206
황태장아찌 208
멸치장아찌 210

05 식혜와 식해

식혜 214
조청 216
호박식혜 218
안동식혜 220
가자미식해 222

06 전통주

부의주 226
과하주 228
국화주 230
삼해주 232

07 식초

현미식초 236
포도식초 238
사과식초 240
감식초 242

08 치즈

리코타치즈 246
모차렐라치즈 248

쉽게 배우는 한국의 발효음식

Fermented food in Korea

01

이론편
한국의 발효음식

Chapter 1 발효식품 개론
Chapter 2 장(醬)
Chapter 3 김치
Chapter 4 젓갈
Chapter 5 장아찌
Chapter 6 식해(食醢)·식혜(食醯)
Chapter 7 전통주
Chapter 8 식초(食醋)
Chapter 9 치즈 및 유제품

Chapter 1

발효식품 개론

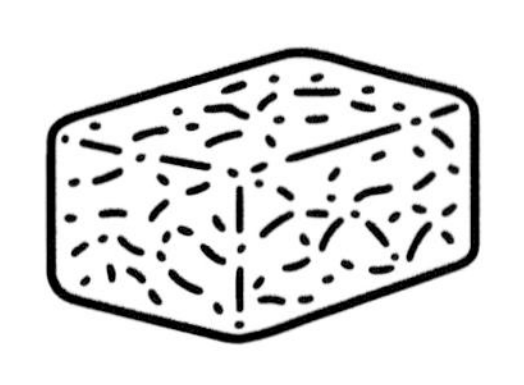

발효(fermentation)란 미생물의 생리 대사를 이용하여 유용한 물질을 생산하거나 식품의 가공 또는 저장 수단으로서 미생물을 이용하여 제조되는 것을 의미한다. 발효과정에서 생성된 유기산 및 발효 산물로 인해 천연의 방부 효과를 얻어 유해 미생물의 오염이 억제되고 저장성이 증대될 수 있으며, 새로운 기능성이 부여될 수도 있다. 어원은 라틴어의 'ferverve(끓는다)'라는 말에서 유래된 것으로, 효모의 알코올 발효 시에 발생하는 탄산가스에 의해서 거품이 일게 되는 현상을 말하며 옛 선조들은 그 까닭을 정확히 알지 못하면서도 발효가 진행되면 음식이 오래도록 상하지 않으면서 향이나 맛도 좋아진다는 사실을 경험을 통해 알게 되었다.

인류의 발달과 함께 미생물을 이용한 발효식품은 다양하게 발전되어 왔으며 각 나라마다 특색 있는 발효음식을 가지고 있는 경우가 많다. 우리나라의 경우 농경생활의 발달로 곡류를 이용한 발효음식이 발달되었는데 음식의 기본이라 할 수 있는 장류를 시작으로 보리에 싹을 틔워 만든 엿기름으로 식혜, 조청 등을 만들었고, 통밀로 만든 누룩을 이용하여 식초, 술 등을 빚어왔다. 또한 장아찌나 김치, 젓갈 등을 만들어 밑반찬으로 삼아 왔다. 서양에서는 와인이나 맥주 제조, 식초, 햄, 소시지, 우유나 요구르트와 같은 유제품도 많이 생산하고 있다. 이와 같이 미생물을 이용한 발효음식은 독특한 맛과 향, 풍미를 지니고 있어 영양적으로도 우수하며 저장성도 높은 식품으로 우리의 식생활을 풍부하게 하고 있다.

발효원료에 따라 곡류, 두류, 과실, 채소, 생선, 조개류, 우유류로 분류할 수 있으며, 발효방식에 따라 알코올 발효, 산 발효 등으로 분류할 수 있다. 또한 우리의 전통발효 식품에 따라 장류, 김치류, 젓갈류, 식초, 주류관련 미생물로 나눌 수 있다.

식품의 발효는 다양하게 일어날 수 있는데 단백질을 함유한 식품이 미생물의 작용으로 분해되어 악취나 유해물질을 생성하는 현상을 부패(腐敗)라 하며, 탄수화물이나 지방이 미생물의 작용으로 분해되어 유해물질이 비교적 적게 생성될 때 이를 변패(變敗)라 한다. 또한 사람에게 유익한 생산물로 변화한 현상을 발효(醱酵)라 한다.

자연에서 만들어진 모든 먹거리를 상하지 않게 오래 보관하는 방법을 식품저장(食品貯藏)이라 하며 우리나라에서는 각 계절에 나오는 농수산물들을 다양한 방법으로 저장하여 섭취해 왔다. 식품저장법의 대부분은 부패미생물의 증식을 막기 위해 고안된 방법이라고 할 수 있다. 대표적인 식품저장법으로는 보존 처리, 통조림 만들기, 냉장법, 냉동법, 건조법, 냉동건조법, 식품첨가물 사용, 무균포장, 방사선 처리, 저온 살균법, 발효, 훈증소독 등이 있다. 가장 쉬운 방법으로는 물기를 말려 만드는 건조법이 있고, 설탕이나 소금에 절여 저장하는 당장법과 염장법 등이 널리 이용되어 왔다.

1. 식품저장에 영향을 주는 요인

식품저장이란 식재료를 일정기간 변질이나 부패하지 않게 보존하는 것을 말하며 여러 가지 요인(수분, 온도, 효소, 미생물)들에 의해 영향을 받는다.

1.1 수분

식품 중에 함유되어 있는 수분량은 품질에 많은 영향을 미친다. 식품의 저장 중 미생물이나 여러 화학작용의 촉매제 역할을 함으로써 적절한 수분량을 유지해야 한다. 저장식품에서는 건조법을 이용하여 수분함량을 줄이므로 미생물이나 화학작용을 막기도 한다. 세균은 수분함량이 15% 이하에서는 번식하지 못하나 곰팡이류는 13%에서도 생육하므로 그 이하까지 건조하여 저장한다. 발효식품의 경우에는 미생물이 생육하기 좋은 수분량에서 발효 후 건조하여 보관하기도 한다.

1.2 온도

식품의 온도를 조절하여 저장하는 방법으로 냉장법과 냉동법이 있다. 일반적으로 0~10℃에 저장하는 것을 냉장법이라 하고, 0℃ 이하에서 동결시켜 저장하는 것을 냉동 저장이라 한다. 냉장의 경우 미생물이 자랄 수 있으므로 일정기간이 지나면 부패한다. 0℃ 이하에서 곰팡이와 효모는 일부 생육이 가능하나 세균의 경우 자라지 못하고, -7℃ 이하에서는 어떤 미생물도 자라지 못한다.

그러나 살균이 아니고 미생물의 발육이나 자체효소작용을 억제하는 것이므로 보관기간에 유의해야 한다. 식품이 냉동 보관 중에 손상되거나, 해동 후 방치하면 쉽게 부패될 수 있다. 식품의 발효과정에서는 미생물이 생육하기 좋은 온도인 30~40℃를 유지하여 미생물의 활성도를 높여준다.

1.3 효소와 미생물

효소는 생물체가 분비하는 단백질의 일종으로 일정 온도와 수분활성도, pH 범위 내에서 특정한 유기화합물의 화학작용을 촉진 · 증가시키는 물질로 자기 자신은 변화를 받지 않는 촉매제이다. 예를 들어 밥과 물에 불린 엿기름을 따뜻하게 하여 식혜를 만들 때 엿기름 속에 아밀라아제 효소에 의해 전분이 당분으로 분해되어 단맛이 나고, 아밀라아제는 그대로 있기 때문에 끓여서 효소의 작용을 멈추게 한다. 충분히 끓이지 않으면 빨리 쉬어서 상하게 된다. 발효식품에 이용하는 효소로는 녹말을 분해하는 amylase, 펙틴질이나 섬유질을 분해하는 pectinase, 단백질을 분해하는 protease, 지방질을 분해하는 lipase 등의 효소들이 있다. 구성하는 성분이나 구조가 각각 다르지만 이들 효소들의 공통점은 단백질로 이루어졌다는 것이다.

미생물에는 효모, 곰팡이류, 세균 등이 있으며 식품 중에 번식해 맛이나 영양이 더 좋아지게도 하지만 병원성 세균 등은 유독물질을 만들어내므로 유해한 식품을 만든다. 이와 같이 사람에게 유익한 미생물의 작용을 발효라 하고 사람이 먹지 못하게 되는 것을 부패라 한다.

발효음식은 오래전부터 발전되어 왔으나 육안으로 보이지 않는 미생물에 관한 연구는 그리 오래되지 않았다. 미생물에 관한 연구는 17세기에 현미경의 출현과 1676년 네덜란드의 레벤후크가 자신이 만든 현미경으로 구균, 간균, 스피로헤타 등의 세균을 관찰한 것에서 시작되었다. 이후 19세기 말 산업혁명 이후 현미경의 발전과 함께 1875년 파스퇴르에 의해 포도주가 만들어지는 것과 고기와 우유의 부패가 미생물에 의한 것임이 입증되면서 질병에 대한 백신을 개발하는 등 미생물에 대한 연구는 현재까지 지속적으로 발전하고 있다.

발효식품은 이러한 미생물의 발효작용을 이용하여 만든 식품으로, 원료와는 다른 독특한 향미와 조직감을 가진다. 예를 들면 김치는 배추, 무 등의 채소와 고춧가루, 파, 마늘 등과 같은 양념으로부터 주로 젖산발효에 의해 특유한 맛 및 냄새 성분이 생겨나 맛이 든다. 또 빵 반죽은 주로 효모가 만드는 이산화탄소와 에탄올에 의해 부풀며, 구울 때 그 구조가 고정되어 빵의 독특한 조직감을 가지게 된다. 고추장, 간장, 된장 등의 장류는 콩, 곡류 등을 곰팡이, 효모, 세균 등으로 발효시켜 만든 식품이며, 막걸리, 맥주 등의 술은 곡류를, 포도주를 비롯한 과일주는 과실류를 알코올 발효시켜 만든다.

2. 미생물의 종류

미생물은 육안으로 보이지 않는 작은 생물체를 뜻하는 것으로 세균, 곰팡이, 효모, 바이러스 등이 있다.

2.1 세균(細菌, bacteria)

세균은 크기가 가장 작은 단세포 미생물로 대부분 1㎛ 내외로 분열에 의해 증식하며 유해세균인 병원균을 포함하여 토양세균, 식품의 부패균, 낙농 발효 관련균 등 종류가 매우 많다. 형태적 특성으로 환경에 따라 다르지만 둥근 형태의 구균(Coccus), 원통형이나 짧은 막대모양의 간균(Bacillus), 스프링 모양이나 굽은 형태의 나선균(Spirillum)으로 구분하며, 둥근 형태의 구균은 균체들의 배열로 쌍구균, 사련구균, 팔련구균 등으로 나눈다. 생리적 특성으로 산소와의 관계에 따라 혐기성, 회성, 통성혐기성 등으로 나뉜다.

식품에 관련된 세균류는 발효에 이용되는 것도 있고 식품저장 중 부패를 일으키거나 식중독을 일으키는 등의 식품위생과 관련이 있는 종류 등으로 다양하고 그 종류가 많다. 식품발효에 관련된 종류로는 유제품이나 김치류에 이용되는 젖산균류(*Lactobacillus*)로 김치, 버터, 치즈, 요구르트, 청량음료 제조에 이용되고, 간장이나 된장 등의 장류에 이용하는 고초균(*Bacillus subtilis*)과 식초를 만들 때 이용하는 초산균(Acetic acid bacteria), 청국장을 만들 때 사용하는 납두균(*Bacillus natto*) 등이 있다.

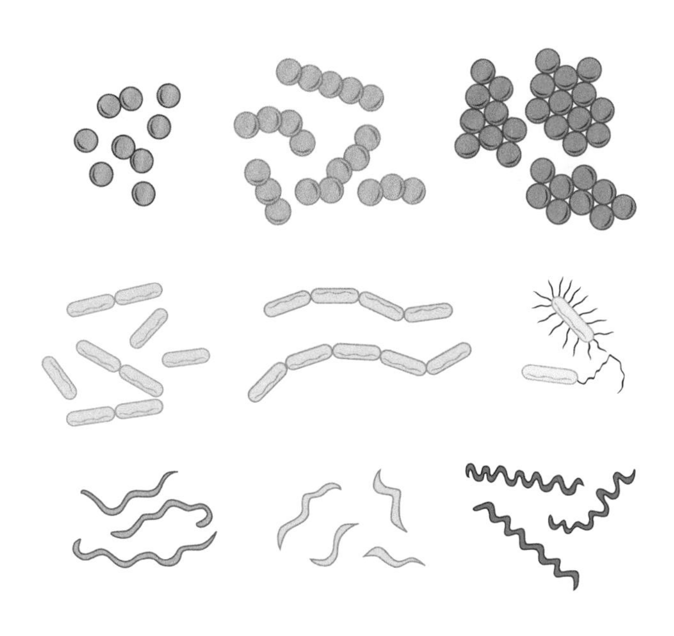

2.2 곰팡이류

곰팡이는 광합성을 하지 못하는 종속영양주여서 살기 좋은 조건에서 기생하여 발아하여 가늘고 긴 흰색의 솜털모양을 만드는데 이것을 균사체(菌絲體, mycelium)라 하고, 자라면서 포자를 형성하여 특유의 색이 나타나는데 이것을 자실체(字實體, fruiting body)라 하며, 둘을 균총(菌叢)이라 한다. 곰팡이는 건조한 환경을 잘 견디는 종류가 많고 비교적 낮은 pH에서도 잘 자라고 자연계에 널리 퍼져 있으며 다양한 효소를 생성하여 유기물 분해에 큰 역할을 하고 있다.

발효식품은 곰팡이의 균에서 생성되는 여러 가지 효소들을 이용하여 만든다고 할 수 있다. 곰팡이가 자라기 적당한 조건은 공기가 잘 통하고, pH 4.0~6.0, 습도는 89%, 온도는 20~37℃이며 60℃ 이상의 온도에서 죽는다.

식품에 존재하는 곰팡이류로는 메주나 누룩에 많이 자라는 누룩곰팡이속(*Aspergillus*)으로 전분이나 단백질을 분해하는 힘이 강하여 된장, 간장, 고추장, 탁주, 소주와 같은 발효식품에 많이 이용한다. 거미줄처럼 가느다란 실모양으로 된 균사체의 형태와 가지를 쳐서 끝에 포자를 형성하고 있는 자실체로 되어 있으며 균의 종류에 따라 다양한 색상의 균총이 나타난다. 대표적으로 노란색을 띠는 황국균(Aspergillus oryzae)은 흰색으로 곰팡이가 자라면서 황색에서 황록색으로 나중엔 황갈색으로 되며 곡류에서 배양하면 당화 효소인 아밀라아제(amylase)가 많이 생성되고, 단백질분해효소인 프로테아제(protease)를 많이 생성하므로 술을 만들거나 장류를 담그는 데 많이 사용된다.

검은색을 띠는 흑국균(*Aspergillus awamori*)은 아밀라아제의 분비력이 강하여 일본식 소주나 알코올 제조에 유용하게 사용된다. 또 다른 대표적 흑국균인 *Aspergillus niger*는 과일 중에 많은 펙틴(pectin) 분해력이 강한 균으로 당액을 발효시켜 구연산(citric acid), 글루콘산(gluconic acid) 등을 많이 생산한다. 털곰팡이와 비슷하지만 균사의 아랫부분에 뿌리처럼 가근(假根)을 형성하며 거미줄과 같이 엉켜 있는 거미줄곰팡이속(*Rhizopus*)은 중국의 노주(老酒), 황주(黃酒), 고량주(高粱酒) 및 우리나라의 약주, 탁주에 관여하는 곰팡이들로 아밀라아제(amylase)의 분비력이 강해서 당화(糖化)효소로 많이 이용된다. 털모양을 하고 있는 균사체인 Mucor는 고기, 빵, 채소, 과일 등에 잘 생기며 술을 빚을 때는 유해한 것도 있고 유익한 것도 있으나 대부분의 식품에서는 부패를 일으킨다.

자연계에 널리 분포되어 있으며 푸른색을 띠는 푸른곰팡이(*Penicullium*)는 부패균이 많으나 일부는 항생제인 페니실린을 생산하는 유용한 균도 있다. 또 다른 유익균으로 로크포르 치즈발효에 관여하는 P.roqueforti나 카망베르 치즈의 숙성에 이용하는 P.camemberti 등이 있다.

2.3 효모(酵母, yeast)

효모는 자연계의 흙이나 물, 공기, 과실의 껍질 등에 다양하게 존재하는데, 특히 꿀샘, 수액, 과피 등에 널리 분포한다. 곰팡이류이지만 단세포로 크기는 5~10㎛ 정도이며 출아법에 의해 증식한다. 모양은 원형이나 타원형, 난형, 레몬현, 삼각형, 원통형 등이며 빵을 만들거나 술 빚는 데 사용되고 알코올 발효를 일으키는 균을 통틀어 말한다. 그러나 유해효모도 존재한다. 곰팡이보다 작은 세포로 대사활성이 높고 성장속도도 빠르며 수분활성도가 낮거나 낮은 온도, 낮은 pH 등에서도 잘 자라는 등 곰팡이류와 비슷하나 혐기적인 상태에서도 잘 자란다는 특징이 있다. 그러나 효모는 소금이나 설탕으로 절인 식품의 숙성과 부패의 원인균이기도 하다.

3. 미생물 성장에 영향을 미치는 요인들

3.1 영양물질

미생물이 생육하기 위해서는 외부로부터 영양물질 공급이 이루어져야 하는데 필요한 영양소는 수분과 탄소원, 질소원, 비타민, 유기염류 등이며 미생물의 종류에 따라 다르다. 미생물은 성장에 이용되는 영양분에 따라 무기물에서 탄소원과 질소원을 이용하는 독립영양군과 유기물에서 영양을 공급받는 종속영양군으로 나뉘는데 대부분의 미생물들이 종속영양균에 속한다.

3.2 수분

미생물은 대부분 정도가 다르지만 생육하기 위해서는 수분이 꼭 필요하다. 세균의 경우 효모나 곰팡이류보다 더 많이 필요하며 일반적으로 40% 이상의 수분이 필요하다. 이러한 이유로 미생물의 생육을 억제하는 식품저장의 손쉬운 방법으로 건조법을 많이 사용한다. 식품 내 수분은 결합수와 자유수로 존재하는데 미생물이 이용할 수 있는 것은 자유수이므로 수분활성도로 표현한다.

3.3 pH

미생물의 생육은 pH에 영향을 받으며 종류에 따라 최소, 최적, 최고의 pH를 갖는다. 산을 생성하는 젖산균과 낙산균은 낮은 pH에서 활발하게 증식하며, 알코올 발효를 일으키는 효모의 경우 pH는 4.0~4.5이고, 곰팡이는 5.0~6.0으로 약산성에서 잘 증식하고 내산성의 경우 2.0에서도 성장한다. 세균의 경우 6.8~8.0으로 중성이나 약알칼리성에서 잘 증식하고 5.0~6.0의 약산성에서는 생육이 어렵다.

3.4 산소

미생물은 종류에 따라 산소에 대한 요구도가 다르다. 생육을 위해 산소를 필요로 하는 미생물을 호기성균(aerobes)이라 하고, 필요로 하지 않는 것은 혐기성균(anaerobes)이라 하며, 산소의 유무와 상관없는 것을 통성혐기성이라 한다.

3.5 온도

온도는 미생물의 생존뿐 아니라 세포의 크기, 대사산물의 생산, 영양요구성, 효소반응, 세포의 화학조성 등에 영향을 미친다. 미생물의 종류에 따라 살아가기 적당한 적정온도가 있으며 그 이상이면 생육이 어렵고 이하에서는 증식이 중단되는 최저온도가 있다. 미생물의 최적 성장온도에 따라 호냉성, 저온성, 중온성, 호열성 균으로 분류한다. 곰팡이와 효모의 경우 최적온도 20~30℃, 최고온도는 40℃, 최저온도는 4~5℃ 이다. 세균의 경우 종류에 따라 호열균과 호냉균이 있어 편차가 크다.

3.6 광선과 자외선(ultra violet)

광합성 세균이나 클로렐라와 같은 미생물을 제외한 대부분의 미생물은 성장에 광선이 필요하지 않아 밝은 곳보다는 어두운 곳에서 잘 자라며 햇빛에 취약하다. 특히 태양빛의 한 가지인 자외선은 파장이 400~800nm인 전자기파로 단파장인 200~300nm에서 살균력이 가장 강하여 미생물 대부분의 생육을 저해하거나 중단, 사멸하기도 한다. 식품을 저장이나 가공할 때 자외선을 이용해 살균하기도 하는데 이는 투과력이 약하고 물이나 유리에 흡수되기 때문에 식품 표면을 살균할 때 주로 사용한다.

4. 미생물과 식품저장

4.1 냉장과 냉동

냉장은 0~4℃ 범위의 온도에서 저장하는 것으로 과실류, 채소류, 염도나 당도가 낮은 절임식품 등을 저장할 수 있으나 미생물의 발육이나 효소작용을 지연시키는 작용만 할 뿐이므로 적정보관 기간에 주의한다. 특히 바나나, 고구마 등의 온대, 열대 과일 · 채소들은 온도가 낮아지면 품질이 떨어지고 냉해를 입을 수 있으므로 냉장고에 보관하면 안 된다.

냉동은 0℃ 이하 온도에서 동결하는 방법으로 식품의 종류에 따라 조직을 파괴시키지 않고 맛과 향을 보존하기 위해 냉동 전에 전처리를 하거나 급속동결방식 등을 찾아봐야 한다. 식품을 냉동시킬 때는 급속냉동이 바람직하며, 저장온도도 -40℃ 이하로 낮게 유지하는 것이 좋다.

4.2 건조

식품 중에 함유되어 있는 수분을 증발시킴으로써 미생물의 생육을 억제하는 저장법으로 식품에 따라 건조되는 정도는 다르다. 일반적으로 저장하기 위한 수분함량은 곡류는 13~14%, 엽채류는 3~8%, 어류건조물은 10~40% 범위이다. 장기 보존을 위해서는 냉장하거나 냉동하는 것이 안전하다. 건조법에는 자연건조, 열풍건조, 배건법, 고온건조, 동결건조와 감압건조, 증발법, 거품건조법 등이 있다. 햇볕을 이용한 자연건조법에는 건포도, 곶감, 태양초고추, 건어물, 말린 나물 등이 있으며, 향기성분이 보존되는 등 품질 면에서는 가장 우수하나 비용이 많이 들어가는 동결건조에는 인스턴트커피, 라면스프 등이 있다.

4.3 산저장

식품을 가공하거나 조리할 때 초산이나 젖산 등을 가하여 pH를 낮추는 것으로 일반적으로 4.5 이하로 낮추면 저장 효과가 높다. 김치를 오래 저장할 수 있는 것은 소금과 젖산균이 만들어낸 젖산이 서로 상승작용을 하기 때문인데 이와 같이 저장효과는 산을 단독으로 사용했을 때보다 산과 소금, 산과 당 등을 함께 사용했을 때 크게 증가한다. 식품을 비교적 단기간 저장하는 방법으로 마늘, 배추, 오이, 토마토, 양배추, 죽순 등이 있으며 이들 재료를 이용해 마늘장아찌, 김치, 오이피클, 토마토케첩 등의 가공품을 만든다.

4.4 당장법

식품에 당 함량을 67% 정도로 하여 미생물 번식을 억제하는 저장법이다. 염장법처럼 삼투작용을 이용한 저장법이다. 설탕이나 전화당을 식품에 첨가하여 삼투압을 높이고 수분활성을 낮추어 저장성을 높이는 방법으로 젤리, 마멀레이드, 잼, 가당연유, 정과, 숙실과 등을 들 수 있다. 당은 소금에 비해 삼투압이 낮아 식품 내부로의 침투가 잘 되지 않으므로 식품을 묽은 당액이나 물로 삶아서 조직을 연화시킨 후 고농도의 당에 침지한다.

4.5 염장법

식품에 10~16%의 소금을 뿌려 저장하는 건염법과 소금농도 16~18%의 소금물에 침지하는 염수법이 있다. 배추김치의 경우 배추를 진한 소금물에 담그면 삼투라는 현상에 의해 배추속의 수분은 소금 농도가 높은 곳으로 빠져 나온다. 생배추는 빨리 물러지는데 비해 절인 배추는 오래 두고 먹을 수 있는 이유이다.

4.6 기타

가열, 살균, 밀봉 등이 있다. 통조림, 병조림, 레토르트식품 등을 들 수 있는데, 끓는 물에 데우기만 하면 먹을 수 있는 카레, 짜장, 죽, 국, 탕, 찌개 등을 레토르트 파우치 등에 담아 밀봉한 것들이 이에 속한다. 또 과일이 시드는 것을 막을 수 있도록 한 가스저장법도 있다. 과일이나 채소 등을 공기 중에 방치하면 호흡을 하게 되어 영양소 손실도 급격히 이루어지므로 질소가스나 이산화탄소에 식품을 저장하는 방법으로 저온저장을 겸하는 것이 일반적이다.

Chapter 2

장(醬)

언제부터인지 정확하지는 않지만 오랫동안 우리 조상들은 자연환경에 맞는 발효식품을 만들어 왔으며 한식의 기본양념으로 장류를 만들어 사용했다. "음식 맛이 장맛이다"라는 속담에서 알 수 있듯이 장이 음식의 맛을 좌우하는 독특한 식문화를 발전시켜 왔다. 단백질이 풍부한 콩을 주원료로 메주를 만들고 소금물에 담가 미생물 발효를 하여 장을 담그는 일은 모든 음식의 맛과 간을 맞추는 양념을 만드는 것으로, 김장을 담그는 것과 함께 가정에서는 가장 중요한 행사로 여겼고 이는 우리 식문화의 특징인 발효음식의 발전으로 이어졌다.

장(醬)이란 콩을 주원료로 발효하여 만든 간장, 된장, 고추장, 청국장을 통틀어 일컫는 말로 동양권에서 주로 사용하는 조미료적 식품으로 우리나라뿐 아니라 중국과 일본 등에서도 각자의 독특한 발효음식문화를 가지고 있다.

1. 장의 역사

우리나라의 장은 콩으로 만든 두장(豆醬)으로 콩의 원산지는 만주의 남쪽으로 옛 고구려 영토일 수 있으므로 콩 재배한 시기를 철기시대로 추측하며 이때부터 우리의 조상들에 의해 장의 기본적 형태가 만들어졌을 것이라 추측한다.
장에 대한 기록은 중국 문헌인 『삼국지』 위지 동이전에 "고구려 사람들이 발효식품을 잘 만든다"는 의미의 '선장양(善醬釀)'이 있어 술이나 장을 잘 담갔던 것으로 추측되며, 우리나라 기록으로는 『삼국사기(三國史記)』의 신라본기(新羅本紀) 신문왕 3년에 왕비를 맞이할 때 "납폐 품목에 미(米), 주(酒), 유(油), 밀(蜜), 장(醬), 시(豉: 메주), 포(脯) 등 135수레를 보냈다"는 내용이 들어 있는 것으로 보아 당시 장의 중요성을 알 수 있다.

고려시대 『고려사(高麗史)』 식화지에 실린 "〈현종(顯宗)〉 9년(1018) 정월, 흥화진(興化鎭)이 최근 전쟁 때문에 황폐해져 민(民)이 많이 추위와 굶주림을 겪고 있으므로 면포(緜布), 소금, 장(醬)을 지급하였다"라는 기록과 "〈문종(文宗) 6년(1052)〉 3월에 개경(開京)에 기근이 들자 유사(有司)에게 명령하여 굶주린 민(民) 삼만여 명을 모아 곡식[米粟], 소금, 된장을 하사하여 이들을 진휼하게 하였다"라는 기록이 있다. 이때까지 장의 형태는 간장과 된장이 따로 분리되어 있지 않은 혼용장으로 즙액에 용수를 박아 고인 액을 간장으로 사용하였다.

조선시대에 들어서 메주를 이용한 장이 주류를 이루게 되는데 명종 9년 『구황촬요(救荒撮要)』(1554)에 침장법으로 장에 대한 기록이 있다. 그 내용을 보면 콩만이 아닌 콩과 밀을 이용하여 메주를 만들어 소금물에 담가 간장과 된장을 만드는 지금과 같은 취청장법이 만들어진 것으로 보인다. 또한 『주방문(酒房文)』(1600년대 말)에는 즙장(汁醬), 왜장(倭醬), 육장(肉醬), 급히 쓰는 장, 쓴 장 고치는 법 등이 기록되어 있다. 1655년에는 장 만드는 것이 연례행사가 되어 『사시찬요(四時纂要)』(1424~1483)에 즙장(汁醬, 채소 이용), 포장(泡醬, 도라지 · 더덕 등의 전분 이용) 등의 새로운 장 만드는 법이 보편화되었다는 기록이 있다. 『요록(要錄)』(1680년경)에는 청장법(淸醬法)과 급장(急醬) 만드는 법이 기록되어 있고, 『산림경제(山林經濟)』(1715)에 16분야의 농촌 가정백과전서 '치선'편에 장 만들기가 기록되어 있고, 45종에 달하는 장류 제조법이 분류 · 정리되어 있는데, 재래식 메주의 제조방법이 여기서 유래되었다. 『증보산림경제(增

補山林經濟)』(1766)에도 다양한 장 담그는 법과 함께 "장은 모든 맛의 으뜸이요 집안의 장맛이 좋지 않으면 비록 좋은 채소나 맛있는 고기가 있어도 좋은 요리가 될 수 없다. 촌야에 사람이 좋은 고기를 얻지 못해도 여러 가지 좋은 장이 있으면 반찬에 아무런 걱정이 없다."는 기록이 있다. 또한 전시장(煎豉醬) 속칭 전국장이라 하여 지금의 청국장과 같은 장 만드는 법이 기록되어 있기도 하다. 『고사신서(攷事新書)』(1771) 11집 음식총론(飮食總論)의 제장조법(諸醬造法)에는 생황장(笙黃醬), 황숙장(黃熟醬) 등이 기록되어 있으며, 빙허각 이씨가 편찬한 『규합총서(閨閤叢書)』(1815)에는 장 담그기, 어육장, 청태장, 즙장 등의 제조법이 소개되어 있다. 이후에도 많은 기록에서 다양한 장 담그는 법이 소개되어 있어 현재에 이르고 있으며 장 담그기가 일상생활에서 매우 중요했음을 알 수 있다.

장 담그는 풍속은 궁중이나 민가 모든 곳에서 이루어졌는데 궁중의 장과 민가의 장에는 차이가 있었다. 궁중에서는 '장고마마'라 하여 장을 담당하는 상궁을 두어 장독을 간수할 정도로 장맛에 신경을 썼는데 궁중의 메주는 자하문 밖에서 메주 전문가가 만들어 바쳤다. 이를 '절메주'라 불렀다. 절메주는 검정콩으로 새풀(억새)이 나오는 시기에 쑤어서 뭉친 것으로, 새풀을 베어다가 메주 사이사이에 놓고, 두엄처럼 덮어서 단시일에 까맣게 띄워서 만들었는데, 메주가 잘 뜨면 볕에 말렸다고 한다.

민가에서 담그는 장도 구분되었는데 대개는 햇장을 뜨면 바로 솥에서 끓여 농축한 다음 발효가 더이상 지속되지 않게 하여 장광에 두고 쓰는데, 혹 해마다 담근 장이 밀려서 많을 때는 '겹장' 또는 '덧장'이라는 방법으로, 묵은 장을 써서(따로 소금물을 풀지 않고) 메줏덩이를 넣고 우려내는 방법을 쓴다. 겹쳐 담근다고 하여 겹장이고, 묵은 장 또는 진장(陳醬)이라고도 한다.

고추장은 임진왜란 때 고추가 유입된 이후 1700년대 중엽에 이르러서야 만들어 먹기 시작하였다. 『증보산림경제(增補山林經濟)』에 만초장(蠻椒醬)이라 하여 고추장 담그는 법이 기록되어 있다.

2. 장의 재료

2.1 콩

한반도에 있어서 콩 재배는 농업이 시작된 시기와 거의 같은 신석기시대인 것으로 추정되며, 우리나라에는 풍부한 종류의 재래종 콩과 야생종이 분포되어 있고 그 재배종 콩은 우리 선조들에 의해 야생종에서 재배종으로 전환되었을 가능성이 크다. 따라서 남만주와 한반도에 살고 있던 동이족(東夷族)이 인류 역사상 처음으로 콩을 식용으로 사용하고 재배한 민족이라고 할 수 있는 것이다.

우리나라의 삼국 형성기(BC 57~18)에는 수수, 피, 콩, 보리, 벼를 오곡(五穀)으로 칭하여 가장 중요한 곡식으로 사용하였다고 하는데, 이 중 보리는 지중해 농경문화에서 유래하여 한반도의 원삼국시대 유적에서 발견되며, 벼는 중국 남부에서 유래하여 청동기시대 유적에서 콩과 함께 출토되고 있다. 이런 점으로 보아 한반도에는 외래의 맥류(麥類)나 벼 문화에 앞서 토착의 콩 음식문화가 자리 잡았던 것으로 추정할 수 있다. 이것은 우리 민족이 다양한 콩 가공식품을 사용해 왔다는 사실로도 뒷받침된다. 이를테면 우리나라 음식 맛의 바탕을 이루고 있는 장류(간장, 된장, 즙장, 청국장, 고추장 등)를 비롯하여 반찬 재료로 사용하는 콩나물, 두부, 비지, 음료나 죽에 사용하는 콩국, 한과와 떡에 사용하는 콩가루, 볶은콩 등 실로 다양한 콩 가공식품들이 사용되고 있다.

콩의 영양성분을 보면, 단백질(40%)과 지질(20%)이 월등히 많은 데 비해 전분이 없다는 사실을 알게 된다. 품종에 따라 전분이 들어 있기도 한데, 그 함량은 1% 미만으로 콩에는 전분이 아예 없는 것으로 간주한다. 그런가 하면 미(米)식 민족이 주식으로 먹는 쌀은 전분(80%)이 대부분을 차지하고, 단백질(7%)과 지질(1%)은 상당히 제한되어 있다.

쌀을 주식으로 하는 농경문화인 우리 식문화에서 콩은 훌륭한 단백질을 보충하는 식품이었다. 단백질의 영양 평가에 있어서 콩 단백질은 식물성 자원으로서는 드물게 질적으로도 아주 우수하다. 쌀 단백질의 제한 아미노산은 lysine이고 콩의 경우는 함황(含黃)아미노산이나, 콩의 lysine 함량은 상대적으로 높다. 따라서 쌀밥에다 콩이나 콩제품이 반찬으로 곁들여져서 쌀 단백질과 콩 단백질의 비가 1:1이 될 경우, 그 식단의 아미노산 조성은 현저하게 개선되는 것이다.
뿐만 아니라 콩은 다른 영양소들, 즉 필수지방, 칼슘, 철, 아연, 그리고 지용성 비타민 등을 상당히 함유하고 있다. 콩기름에는 불포화지방과 비타민 E가 풍부하게 들어 있는 반면, 포화지방은 단지 15% 정도이고 콜레스테롤을 최저수준으로 유지할 수 있을 것이다. 콩을 식용함에 있어서는 여러 가공 및 조리과정을 거치게 되는데, 이때 콩의 영양소에도 상당한 변화가 생길 수 있다. 일반적으로 발효과정은 콩 단백질의 소화율을 높이고 콩에 없는 새로운 성분들을 만들어내기도 하며, 두부를 만들 때는 응고제로서 Ca염을 첨가하므로 두부는 칼슘함량이 높은 식품이 된다. 또 콩에 물을 주어 싹을 틔우면 원래 없던 비타민 C가 생기므로 콩나물은 이 비타민의 좋은 급원(給源)이 될 수 있는 것이다.

2.2 소금

소금은 염화나트륨을 주성분으로 하는 짠맛의 조미료로 장을 담그는 데 중요한 재료이다. 소금은 크게 천일염과 정제염(精製鹽)으로 분류하는데, 천일염은 바닷물을 염전으로 끌어와 바람과 햇빛으로 수분과 함께 유해성분을 증발시켜 만든 굵고 반투명한 육각형의 결정으로 염화나트륨이 80% 정도이다. 이에 비하여 정제염은 바닷물을 전기분해하여 이온수지막으로 불순물과 중금속 등을 제거하고 얻어낸 결정체로 염화나트륨(NaCl) 함량이 99.8%이다.

천일염에는 칼슘, 마그네슘, 아연, 칼륨, 철 등의 무기질이 많아 음식을 무르게 하지 않기 때문에 채소나 생선의 절임에 좋아 김치를 담그거나 간장, 된장 등을 만들 때 주로 쓰인다. 반면 만들어진 지 얼마 안 되는 천일염에는 떫고 쓴맛이 나는 해로운 물질이 함유되어 있기 때문에 이를 제거하기 위해서는 장을 담그기 전에 미리 소금을 구입하여 소금 자루 밑에 막대기를 받쳐 간수를 빼고 사용하는 것이 좋다.

2.3 물

깨끗한 물이 좋다. 수돗물은 2~3일 정도 받아 두어 소독약 냄새가 없어진 후에 사용하거나 끓여 식혀서 사용하거나 정수해서 사용하면 좋다. 옛날에는 동지가 지난 후에 내린 눈이 녹은 '납설수(臘雪水)'로 장을 담그면 구더기가 생기지 않는다고도 하였다.

2.4 항아리

항아리는 옹기 재질로 적당한 크기에 햇볕을 잘 받을 수 있게 입구가 큰 것을 사용한다. 항아리에는 미세한 공기구멍이 있어 숨을 쉬므로 소독을 잘 해야 하는데 깨끗하게 씻어 햇볕에 말린 후 불 피운 숯불을 넣거나 짚을 넣고 태워 연기로 소독을 한다. 또는 청솔가지 삶는 솥 위에 거꾸로 걸쳐 놓아 뜨거운 김으로 소독하기도 한다.
장을 담갔을 때 소금물이 항아리 입구에서 약간 내려가 있는 정도가 좋으므로 사용할 메주와 소금물의 양을 고려하여 항아리 크기를 선택하는 것이 좋다. 또한 장을 담그는 항아리와 술을 담그는 항아리는 구분해서 따로 사용하는 것이 좋다.

3. 장(醬)류 미생물

장류의 발효과정에 관여하는 미생물은 재래적인 방법으로는 자연접종시켜 왔고, 19세기 후반부터 순수 배양물인 종국(種麴)을 이용하게 됨으로써 장류의 공업적 생산을 가능하게 만들었다. 곰팡이가 분비한 효소와 아울러 세균들의 복합적인 생화학 반응에 의하여 고유한 향미를 가지는 제품이 만들어진다.

3.1 메주

메주 발효 관련 미생물 중 곰팡이는 주로 메주 덩어리의 표면에 존재하고 세균은 메주 전체에 골고루 조밀하게 분포되어 있다. 메주 표면은 잘 말라서 곰팡이가 많고 그중에서도 털곰팡이(*Mucor*)속과 거미줄곰팡이(*Rhizopus*)속, 누룩곰팡이(*Aspergillus*)속 등이 주류를 이루며, 내부에는 주로 고초균(*Bacillus subtilis*)이 증식한다. 이러한 고초균, 거미줄곰팡이, 털곰팡이, 누룩곰팡이, 효모 등이 분비한 다량의 단백질분해효소에 의해 콩에 있는 단백질이 분해되면서 고유의 발효음식이 만들어진다.

3.2 간장·된장

장류 양조는 장류에 필요한 종국(種麴) · 제국(製麴) 및 숙성과정이 가장 중요하다. 종국은 대표적으로 *Aspergillus oryzae*, *Aspergillus sojae*로 전자의 경우 단백질분해효소를, 후자의 경우 탄수화물분해효소 생산능력이 뛰어나고 이 두 가지 외에 몇 균주를 혼합해서 사용하고 있다. 메주의 고초균(*Bacillus subtilis*)은 발효과정에서는 효소를 분비하고 발효가 끝나가는 시점에서 차차 사멸되며, 이후 숙성과정에서 내염성 젖산균인 *Pediococcus halophilus*가 증식하여 젖산을 생산하고, 내염성 효모인 *Zygosaccharomyces rouxii*가 증식하여 에탄올을 생성하며 특유의 향미를 만든다.

효모균 수는 담금 초기에서 성숙기까지 상승하다가 후숙기에 감소한다. 간장의 숙성기간 중 미생물상의 변화로, 젖산균 · 호기성세균 · 효모는 숙성기간 중 증가했다가 감소하는 경향이 있는데, 호기성균은 숙성 3주째, 젖산균은 숙성 4주째, 효모는 7주째에 미생물 수가 최고치를 나타낸다.

된장 중에 증식할 수 있는 주된 효모는 *Zygosaccharomyces rouxii*이고, 내염성 효모인 *Torulopsis*속이 향미성분을 형성한다. 된장의 향기는 질소원이 되는 아미노산의 종류에 따라 발효 후의 향기가 달라지는데, 특히 leucine이 우수한 방향을 낸다.

3.3 고추장

고추장은 주원료가 단백질과 전분질이므로 1차적으로 이에 관여하는 미생물은 단백질분해효소(protease)와 탄수화물분해효소(amylase)를 많이 분비하는 것들이다. 우리의 전통적인 재래 고추장은 *Mucor*속, *Rhizopus*속, *Aspergillus*속 등의 야생 곰팡이와 고초균(*Bacillus subtilis*) 등의 야생 세균이 발효에 관여하는 반면에, 개량고추장은 황국균(*Aspergillus oryzae*)을 순수 배양하여 만든 koji로 발효하여 만든다.

3.4 청국장

청국장은 콩을 삶아 고초균(*Bacillus subtilis*)을 배양하여 콩 단백질을 분해하고 마늘 · 파 · 고춧가루 · 소금 등을 가미한 것으로 소화가 잘되고 특수한 풍미를 가진 영양식품이다. 청국장은 각 가정에서 가을부터 이듬해 봄까지 만들어 먹는 식품으로서 콩과 볏짚에 붙어 있는 고초균을 이용하여 만들며, 독특한 향기와 감칠맛을 낸다.

특히 고초균(*Bacillus subtilis*)는 내열성이 강한 호기성균으로서, 최적 생육 온도는 40~42℃이고, 최적 pH는 6.7~7.5이다. 청국장은 각 지방 및 가정마다 제조 방법이 일정하지 않은데, 이는 starter격인 볏짚에 부착된 고초균(*Bacillus subtilis*)의 종류에 따라 달라짐을 알 수 있다. 즉 protease 활성이 강한 고초균이 많은 볏짚으로 담글 때는 청국장 맛이 좋고, protease 활성이 강하지 못한 균이 많으면 맛이 저하될 뿐 아니라, 부패 · 변질되기도 쉽다. 청국장균은 증두(蒸豆)에 잘 생육하는데 그 외에도 여러 가지 곡물이나 육류, 어패류, 유류(乳類) 등에서도 잘 생육한다. 영양분으로는 탄소원으로서 glucose, sucrose, fructose 등을 잘 이용하며 특히 sucrose는 생육에도 필요할 뿐 아니라, 청국장의 점질물(dextran) 생성에도 관여한다.

4. 메주 제조

메주를 만들 때 사용하는 콩은 장태(醬太)라고도 하며 백태(白太)를 사용하는데 옛날 궁중의 메주는 흑태를 사용했다는 기록이 있다. 메주 만들기는 음력 10월에 수확한 햇콩으로 만든다.

• 콩 불리기

잘 씻은 콩을 여름에는 8시간, 겨울에는 20시간 이상 충분히 불리는데 콩의 부피가 증가하므로 넉넉한 용기에 3배 정도의 물을 충분히 부어 불린다.

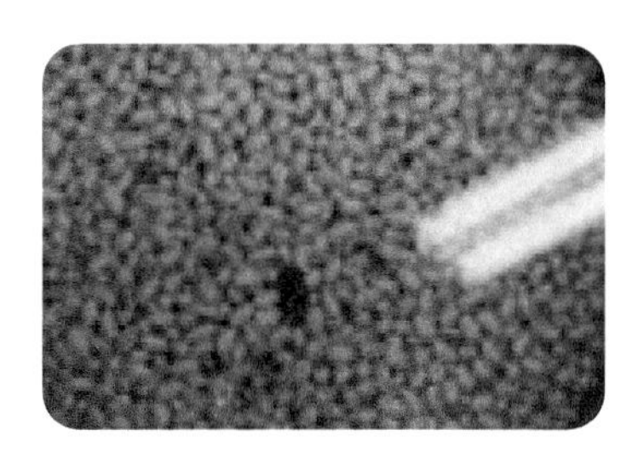

• 콩 삶기

콩을 가마솥에 물과 함께 부어 손가락으로 눌렀을 때 뭉그러질 정도로 푹(3~4시간 정도) 삶는다.

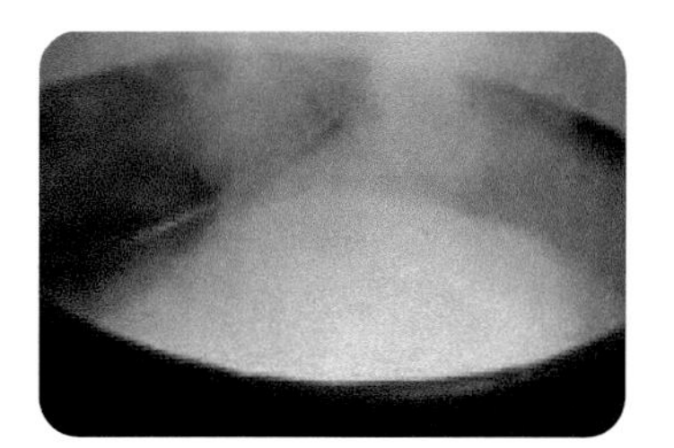

• 빻기

삶은 콩은 식기 전에 찧은 후 네모지게 성형하는데 소량이면 절구에 넣어 찧고 대량이면 기계적인 방법으로 초퍼(chopper)를 이용하여 마쇄한다.

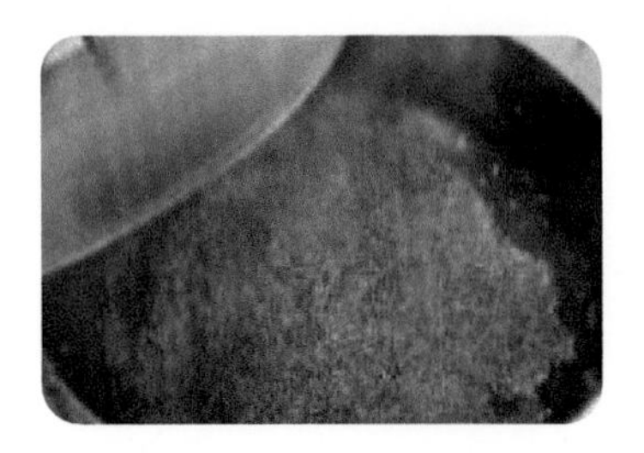

• 성형하기

메주는 적당한 크기로 성형하게 되는데 공장 같은 규모에서는 틀을 이용하여 규격화하기도 하고, 가정규모의 메주를 제조할 때 전라도 지방의 메주는 비교적 큰 편으로 15×15×20cm 정도의 목침(木枕)형이고, 경기도 지방의 메주는 151×5×8cm 정도의 납작형으로 지방에 따라 서로 다르게 만들기도 한다. (콩 1말이면 4~6개로 나눌 수 있다.)

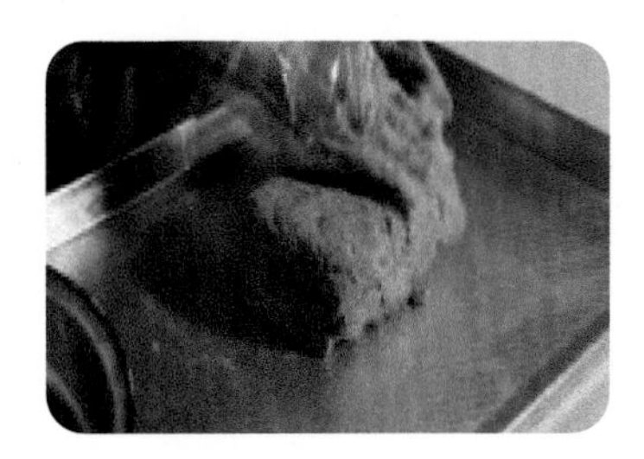

• 띄우기

성형된 메주는 짚을 깔고 10여 일간 겉말림을 한 후 짚으로 묶어 27~28℃ 온도에서 2주일 정도 띄운 다음 다시 건조와 띄우기를 반복한다. 이 과정에서 볏짚이나 공기로부터 각종 곰팡이균, 효모, 세균들이 자라게 되는데 겉말림을 하지 않고 메주를 띄울 경우 유해한 곰팡이가 자리 잡을 수 있으므로 메주의 표면을 가능한 충분하게 건조하여 띄우는 것이 좋다. 곰팡이는 흰색이나 노란색을 띠다가 황색이나 붉은 갈색으로 뜬 것이 좋다. 푸른색이나 검은색은 유해한 균일 수 있다. 다 띄운 메주는 매달아 잘 말린 후 장 담글 때에는 표면의 곰팡이를 빠르게 씻은 뒤 햇볕에 말려 사용한다.

• 메주 짚으로 묶어 매달기

① 짚을 십자로 놓는다. ② 메주를 놓고 짚을 묶는다. ③ 메주를 십자로 묶는다. ④ 메주를 좌우로 여민다.

⑤ 짚을 비벼 꼰다. ⑥ 손으로 끝까지 비벼 꼰다. ⑦ 꼰 새끼줄의 매듭을 진다. ⑧ 메주를 매단다.

5. 장 담그기(간장과 된장)

음력 정월에 장을 담근다. 물에 소금의 농도를 맞추어 풀고, 항아리를 소독한 후 메주를 넣고 소금물을 붓는다. 메주와 소금물의 양은 대략 1:3의 비율로 담그며, 소금물의 농도는 17~20보메 정도로 맞춘다. 항아리에 담근 후 40일간 잘 숙성시킨 뒤 체에 걸러 간장과 메주건지를 분리한다.

간장과 된장은 언제 담갔느냐에 따라 정월장, 이월장, 삼월장으로 나뉘며 그 시기에 따라 소금, 메주, 물 넣는 양이 조금씩 달라진다. 기온이 오를수록 간이 세지고 숙성 기간이 빠르다. 정월에 담근 장을 최고로 치는데 온도가 낮아 소금양을 적게 해도 변질이 잘 되지 않고, 날씨가 점점 풀리며 숙성이 고루 진행되어 깊은 맛이 나기 때문이다.

• 장독(항아리) 준비

항아리는 입이 크고 유약을 바르지 않은 것이 좋다. 항아리를 더운물로 깨끗이 세척한 후 짚불이나 솔가지를 태워 소독하거나 숯불을 피워 항아리에 넣고 꿀을 한 종지 부어 연기로 소독하여 사용하기도 한다.

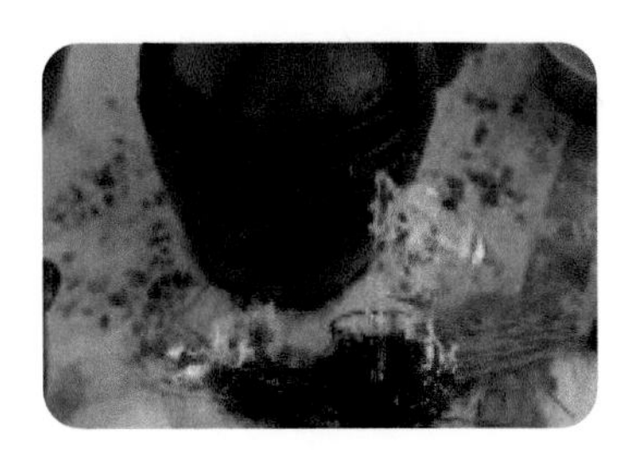

• 소금물 만들기

소금물은 염도계로 약 17～19보메 정도로, 물 20ℓ 당 소금 4~5㎏ 정도를 녹여서 사용한다. 담그는 시기나 지역에 따라 염도를 달리한다. 염도계가 없는 경우 달걀을 소금물에 띄워 500원짜리 동전만 하게 떠오르면 적당하다. 소금은 간장에 짠맛을 부여하고 부패 방지효과뿐만 아니라, 인간에게 필요한 영양성분을 제공한다. 일반적으로 가정에서 소금물을 만들 때는 장 담그기 하루 전에 만들며, 간수 뺀 천일염을 사용한다.

• 장 담그기

메주는 묽은 소금 용액에 2회 세척한 후 항아리의 반 정도를 메주로 채우고, 미리 녹여놓은 소금물을 부어 가득 채운다. 2~3일 뒤 장독 속에 붉은 고추, 대추 등을 넣거나 달군 숯을 넣고, 짚으로 새끼를 꼬아 독 어깨에 매어놓았는데, 이는 모두 잡귀를 쫓기 위한 수단이었다. 때로는 버선본을 종이로 오려 독에 거꾸로 붙여놓는데 장맛이 변치 않고 제맛으로 돌아올 것과 장을 더럽히는 귀신이 버선 속으로 들어가 나오지 못하게 하려는 뜻이다. 7~8일이 지나면 메주가 소금을 흡수하므로 소금물을 다시 부어 항아리 가득 채운다.

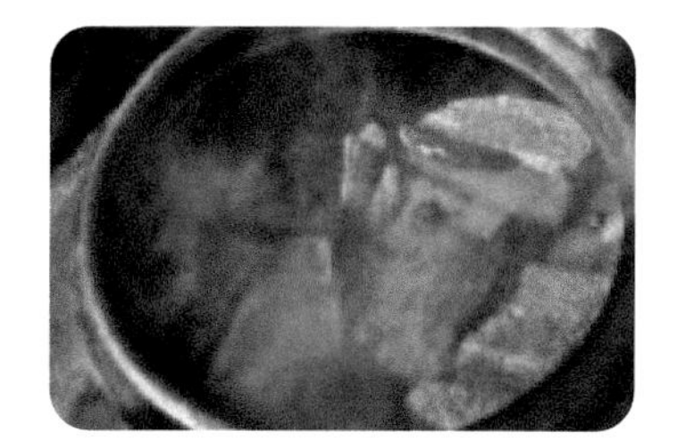

• 장독대 관리

장을 담근 후 3일간은 장독 뚜껑을 덮어두었다가 햇볕이 좋은 날 아침에 뚜껑을 열어 볕을 쬐고 저녁에 덮는다. 항아리 입구는 면포를 씌워 이물질이 들어가지 않게 주의하며 특히 비를 맞으면 장맛이 변하므로 흐린 날에는 장독 뚜껑을 열지 않았다.

햇볕을 쬐는 이유는 햇볕이 유해 미생물을 제거하고 유익한 미생물의 증식을 향상시켜 발효에 도움을 주기 때문이다. 또한 장독은 기울어지면 물이 괸 쪽으로 백태가 끼게 되므로 장독이 기울어지지 않게 주의하고, 여름철에 곰팡이가 피기 쉬우므로 장 관리를 철저히 했다.

• 장 가르기

숙성이 끝난 장을 체나 소쿠리로 장독의 건더기(메주)와 액을 거르는데, 이를 가르기 또는 간장 뜨기라 하며 이때 여과액은 생간장이 되고, 건더기 메주는 된장이 된다. 전통적인 방법에서는 음력 4월이 지나기 전에 가르기 작업을 하고 있다. 가르기 작업에서 얻은 액을 날간장(생간장)이라고 하며 달이기(끓이기)도 하는데 이는 각종 효소, 미생물, 불필요한 냄새 등이 함유되어 있으므로 저장성의 증진, 풍미의 개량을 위한 것이다. 장 달이기는 처음에는 센 불에서 화력을 강하게 하여 일단 끓어오르면 중불로 낮추고 거품은 걷어내면서 은근하게 달이다가 거품이 더이상 생기지 않으면 불을 끄고 식혀 맑은 층의 간장만을 사용한다.

6. 간장

간장의 종류는 숙성기간과 만드는 방법에 따라 나뉜다.

6.1 간장의 종류

• 숙성기간에 따라

묽은 간장 (청장淸醬)	1~2년 된 것으로 색이 옅고 염도가 높아 국이나 찌개의 간을 맞추는 데 사용한다.
중간장	담근 지 3~4년 된 것으로 색이나 염도가 중간 정도로 찌개나 나물을 무치는 데 사용한다.
진간장	담근 지 5년 이상 된 것으로 숙성이 진행되며 아미노산과 당질, 유기산, 알코올 등의 함량이 높아져 짠맛은 감소하고 단맛은 높아지고 깊은 맛이 나고 색도 진하다. 음식의 맛과 색을 내는 데 사용한다. 진간장은 해가 지남에 따라 수분 증발량이 높아지며 소금이 과포화 용액이 되어 재결정이 만들어져 항아리 바닥에 쌓이게 되므로 매해 장독을 갈무리해 주는 것이 좋다.

• 만드는 방법에 따라

한식간장 (재래간장)	전통방식으로 메주를 만들고 띄워 소금물에 침지하여 발효 숙성하여 만든 전통간장이다.
양조간장 (개량식 간장)	콩이나 탈지대두에 보리나 밀과 같은 전분질을 섞고 황국균을 배양하여 코지로 만든 다음 소금물에 섞어 발효, 숙성시킨 것으로 대량생산에 사용한다. ▶ **개량식 간장 제조과정** 간장코지, 소금물 → 담금→ 숙성→분리 →달이기→간장
산분해간장 (아미노산간장)	콩이나 탈지대두에 보리나 밀과 같은 전분질을 섞고 황국균을 배양하여 코지로 만든 다음 소금물에 섞어 발효, 숙성시킨 것으로 대콩가루와 밀가루를 염산으로 분해하여 아미노산액을 만든 후 수산화나트륨이나 탄산칼륨으로 중화시킨 후 소금, 색소, 감미료 등을 넣어 제조한 간장으로 제조일이 짧고 생산비용이 저렴하여 대량생산에 사용한다. 아미노산 함량은 높은 편이나 맛과 향이 떨어진다. ▶ **산분해간장 제조과정** 탈지대두 염산용액 → 가열, 가수분해→ 중화→여과 →분해액→ 탈취→조미→제품
혼합간장	산분해간장과 양조간장을 혼합하여 만든 간장이다.
어육장	메주와 함께 소고기, 꿩고기 등의 동물성 단백질을 함께 넣어 1년 이상 발효하여 만든 것을 말한다.
어간장	어간장은 콩을 발효시켜 만든 일반 간장과 달리 생선을 주재료로 해서만든 간장이다. 주로 멸치를 이용하여 소금을 뿌려 6개월~2년 이상 발효시켜 만드는데, 메주를 함께 넣어 담그기도 한다.

6.2 간장의 영양

장류의 구성성분은 아미노산과 당류, 발효산물인 알코올과 유기산, 소금을 주성분으로 하여 구수한 맛, 단맛, 고유 향미, 짠맛이 묘하게 조화된 천연의 조미료이다.
재래간장은 개량간장에 비해 감미가 낮으며 일반적으로 유기산, 당 등의 함량이 적어 개량식에 비해 맛은 떨어지나 염분의 성분은 더 많은 편이다.

간장의 아미노산 중 메티오닌(methionine)은 간장(肝腸)의 해독작용을 도와 체내에 유독한 유해물질 제거에 큰 역할을 담당하는데, 알코올 및 니코틴 해독작용으로 담배, 술의 해(害)를 줄이고 미용에도 효과적이다. 레시틴이 함유되어 혈관 내 콜레스테롤을 낮추어 동맥경화와 고혈압 등을 예방하고 정장작용을 돕고, 비타민의 체내 합성을 촉진한다. 칼슘, 인의 대사 조절로 치아, 뼈, 세포를 견고하게 한다.

6.3 간장의 저장

진간장의 저장성은 대단하여 1982년에 발견된 100년 묵은 간장을 전라도 수영(水營)관(官)이 보관하여 지금까지 변하지 않고 내려온다.
간장의 색이 탁한 검은빛을 띠는 것은 맛이 없고 냄새가 난다. 맛 좋은 간장은 노란 빛이 도는 검은색을 띠며, 특유의 짠맛과 단맛을 느낄 수 있다. 냄새가 퀴퀴하고 신맛이 나는 것은 보관을 잘못한 것으로 변질될 우려가 있는 제품이다.
간장을 잘못 보관하면 위에 하얀 켜가 생기는데 먹을 때마다 건져내야 하고 결국 맛도 변한다. 이럴 때는 마른 고추와 검정 숯을 사용하는데 숯은 청정제(清淨劑) 역할을 하고, 붉은 고추는 간장의 군냄새를 없애고 균의 번식도 방지한다. 햇볕이 강한 날은 뚜껑을 열어 놓고 4~5시간 정도 일광욕을 시켜줘야 맛도 좋아지고, 독 안에 괴어 있는 냄새도 없앨 수 있다.
특히, 장의 맛을 좋게 하는 방법으로 장독 손질을 들 수 있다. 장독 표면을 잘 닦으면서 손질 · 관리를 하면 공기를 잘 통하게 해서 좋다. 장독 내부는 항아리를 뒤집어 그 속에 물과 청솔가지를 태우거나 한지를 태워서 소독한다. 또한 간장 제조 시에 첨가되는 대추나 통깨 등의 부재료도 한몫을 한다.

7. 된장

'된'은 반죽이나 밥 따위가 물기가 적어 '빡빡하다'라는 뜻으로 된장은 간장과 비교해 수분이 적어 점도가 높은 장을 뜻한다. 기록에는 17세기 안동 김씨가 저술한 최초의 한글조리서 『음식디미방(飮食知味方)』에 '된쟝'으로 표기된 기록이 있으나 이것이 어떠한 형태의 장(醬)인지는 정확하지 않다. 19세기 중반의 『규합총서(閨閤叢書)』(1869)에 '된'으로, 19세기 말의 『국한회어(國韓會語)』(1895)에 '된장'으로 표기된 것으로 보아 이때부터 한글 표준어 '된장'이 사용된 것으로 보인다.

7.1 된장의 역사

된장은 예로부터 '오덕(五德)'이라 하여 "첫째, 단심(丹心: 다른 맛과 섞어도 제맛을 낸다.) 둘째, 항심(恒心: 오랫동안 상하지 않는다.) 셋째, 불심(佛心: 비리고 기름진 냄새를 제거한다.) 넷째, 선심(善心: 매운맛을 부드럽게 한다.) 다섯째, 화심(和心: 어떤 음식과도 조화를 잘 이룬다.)"고 하여 된장의 미덕을 설명하고 있다.

조선시대 선조 30년에 정유재란(1597)을 맞은 왕은 국난으로 피난을 가며 신(申)씨 성을 가진 이를 장을 관리하는 합장사(合醬使)로 선임하려 했다. 그러나 조정 대신들은 신은 산(酸)과 음이 같아 된장이 시어질 염려가 있으니 신씨 성은 피해야 된다며 반대하였다. 음식의 근본이 된장이었기에 이런 금기까지 있었던 듯하다. 또 옛날에는 미생물에 의해 일어나는 발효작용을 몰랐기에 장 담그는 일이 일종의 성사(聖事)였다. 3일 전부터 부정한 일을 피하고 당일에는 목욕재계하고, 음기(陰氣)를 발산치 않기 위해 조선 종이로 입을 막고 장을 담갔다고 한다.

초기의 된장은 간장과 된장이 섞인 것과 같은 걸쭉한 장이었으며, 삼국시대에는 메주를 쑤어 몇 가지 장을 담그고 맑은 장도 떠서 썼을 것으로 추측하고 있다. 그 후대에 이르러 더욱 계승 발전되었고, 『제민요술(齊民要術)』(530~550)에 만드는 방법도 기록되어 있다. 된장은 '된(물기가 적은, 점도(粘度)가 높은)장'이라는 뜻이 되는데, 토장(土醬)이라고도 하여 청장(淸醬, 간장)과 대조를 이룬다.

8, 9세기경에 장이 우리나라에서 일본으로 건너갔다는 기록이 많다. 『동아(東雅)』(1717)에서는 "고려의 醬인 末醬이 일본에 와서 그 나라 방언대로 미소라 한다"고 하였고, 그들은 미소라고도 부르고, 고려장(高麗醬)이라고도 하였다. 옛날 중국에서는 우리 된장 냄새를 고려취(高麗臭)라고도 했다.

조선시대에 들어와서는 장 담그는 법에 대한 구체적인 문헌이 등장하는데, 『구황보유방(救荒補遺方)』(1660)에 의하면, 메주는 콩과 밀을 이용하여 만들어져 오늘날의 메주와 크게 다르다고 하였다. 콩으로 메주 쑤는 법은 『증보산림경제』에서 보이기 시작하여 오늘날까지도 된장 제조법의 기본을 이루고 있다.

7.2 된장의 종류

막된장	간장을 빼고 난 나머지로 담근 것을 막된장이라 한다.
토장	막된장에 메줏가루와 소금물을 섞거나, 메줏가루에 소금물만을 넣고 담가 2~3개월 숙성시킨 된장으로 일반적으로 간장을 뜨지 않은 된장을 토장이라 한다.
막장	토장과 비슷하게 간장을 빼지 않고 만든 장으로 수분을 많이 하여 햇볕에서 빨리 익혀 만든 속성장으로 메주를 빠개어 가루로 만들어 담갔다고 하여 지역에 따라 빠개장 또는 가루장이라고도 부른다. 쌀이나 보리, 밀 등의 전분질을 섞어 담아 단맛이 있어 쌈장으로 많이 사용한다. 『증보산림경제(增補山林經濟)』에는 별미장인 담수장(淡水醬)에 대한 기록으로 "가을에서 겨울 사이에 만든 메주를 초봄에 부숴서 햇볕에 6~7일 숙성시켰다가 햇채소와 함께 먹으면 맛이 새롭다"는 기록이 있는데 이것이 막장의 원형으로 보인다.
즙장	막장과 비슷하지만 수분이 막장보다 많고 무나 고춧잎, 토란대 등 채소를 많이 넣어서 만들기 때문에 채장, 두엄 속에 묻어 빨리 익히기 때문에 두엄장, 집장이라고도 한다. 밀, 보리와 같은 전분질이 들어 있어 발효가 빠르고 채소를 많이 넣어 만들기 때문에 다른 장에 비해 약간의 신맛과 감칠맛이 난다. 숙성시간이 길어질수록 신맛이 강해지므로, 오래 보관하기보다는 필요할 때 조금씩 만들어 먹는다.
담북장	새로 담근 햇장이 익기 전에 만들어 먹는 장으로 볶은 콩으로 메주를 띄워 소금물에 버무려 다진 마늘과 굵은 고춧가루를 섞어 일주일 동안 삭혀 먹는다. 지역이나 시대에 따라 만드는 방법이 조금씩 다른데, 된장보다 담백하다. 지역에 따라서는 담북장과 청국장을 구별하지 않고 같은 것으로 보는 경우도 있다.
청태장	마르지 않은 생콩을 시루에 쪄서 떡 모양으로 빚은 뒤, 콩잎을 덮어서 띄운 장이다. 청대콩으로 만든 메주를 더운 곳에서 띄우고 여기에 햇고추를 섞어서 만든다.

두부장	사찰에서 많이 만들어 먹던 장으로 '뚜부장'이라고도 한다. 물기를 제거한 두부를 으깨어 소금 간을 세게 하여 항아리에 넣어두었다가, 참깨 · 참기름 · 고춧가루로 양념하여 베자루에 담아 다시 한번 묻어두었다가 한 달 후에 노란빛이 나면 먹는다.
지레장	메주를 빻아 김칫국물을 넣어 익힌 장으로, 장을 쪄서 반찬으로 먹는다. 지름장, 찌엄장이라고도 한다.
비지장	콩비지로 만든 장으로 쉽게 쉬기 때문에 더운 날에는 만들어 먹지 못한다.
팥장	삶은 팥과 콩을 섞어 담근 장이다.
생황장	삼복 중에 콩과 누룩을 섞어 띄워서 담그는 장이다.
무장	메주를 잘게 쪼개어 끓인 물을 식혀 붓고 10일 정도 두었다가 그 물을 소금으로 간하여 먹는 장이다.
쌈장	된장에 고추장, 파, 마늘, 참기름, 깨소금 등의 갖은양념을 적당량 섞어 만든 가공된장으로 채소로 쌈을 쌀 때 많이 먹는다. 쌈장을 만들 때에는 고추장과 된장을 동량 또는 2:1의 비율로 섞거나 기호에 따라 첨가하는 비율을 조정할 수 있다.

7.3 된장의 영양

된장은 콩을 주재료로 만들었기에 단백질 함량이 높고 제조과정 중 콩 단백질이 미생물에 의해 분해되어 약 20종의 아미노산이 생성되어 소화와 흡수도 잘되는 편이다. 특히 된장에는 쌀이나 보리에서 결핍되기 쉬운 필수 아미노산인 라이신(lysine)이 많이 들어 있어 쌀을 주식으로 하는 우리나라 사람들의 식생활에 균형을 잡아주는 식품이다.

된장의 숙성과정에서 발효균인 고초균(*Bacillus subtillis*)이 삶은 콩을 분해하여 생성하는 서브틸린(subtilin)이라는 물질이 암세포를 파괴하며, 콜레라와 같은 병원성 미생물에 대해 항균작용을 하여 면역력을 증강시키는 효과가 있다. 전통 발효식품 중에 된장이 항암효과가 가장 우수한 것으로 알려져 있는데, 항암효과는 삶은 콩보다는 생콩이 우수하고, 생콩보다는 된장이 더 우수하다. 된장의 종류에 따라서는 재래식 된장, 개량식 된장, 청국장, 일본 된장 순으로 항암효과가 높다. 된장은 이외에도 비만을 억제하고, 장내에서 정장작용을 해 당뇨병과 골다공증을 예방하는 효과가 큰 것으로 알려져 있다.

7.4 된장의 저장

된장의 색깔이 밝은 노란빛을 띠는 것이 햇된장이다. 검은색 · 푸른색을 띠는 것은 묵은 된장이나 좋지 않은 콩으로 사용했기 때문이다. 냄새를 맡아보았을 때 쉰내나 곰팡이 냄새가 적고 된장 특유의 구수한 맛이 강한 것이 상품이다. 항아리에 넣어 반드시 주둥이를 종이나 비닐로 완전 밀폐하여 뚜껑을 덮는 것이 효과적이다. 벌레가 생기는 것을 예방하려면 마른 고추씨나 멸치 머리부분을 잘게 빻아 넣어주면 효과적이다. 된장을 떠낼 때마다 빈 공간이 생기지 않도록 꼭꼭 눌러주는 것이 좋고, 햇볕이 강한 날에는 뚜껑을 열어 놓고 하루 4~5시간 정도 두는 것도 된장의 변질을 예방하는 방법이다.

8. 고추장

고추장은 고추의 매운맛과 콩의 단백질을 분해한 구수한 맛, 곡류를 당화시켜 만든 단맛, 소금의 짠맛 등이 조화되어 깊은 맛을 내는 우리의 대표적인 발효식품이다.

8.1 고추장의 역사

고추는 임진왜란 전후 일본에서 전래되어 왜개자로 불리기도 하고 남번초(南蕃草), 번초(蕃椒) 등으로 불리었다. 고추장에 대한 기록은 『수문사설』(1740) 「식치방」에 "순창고추장"만드는 법(淳昌苦艸醬造法)이 기록되어 있는데, 전복 · 큰 새우 · 홍합 · 생강 등을 첨가하여 영양학적으로도 우수하였음을 알 수 있다. 『증보산림경제(增補山林經濟)』(1766)에 만초장(蠻草醬)이란 이름으로 막장과 비슷한 형태로 나와 있고, 소금이 아닌 간장으로 간을 맞추었다.

또한 고추장에 볶은 참깨를 넣거나 두부를 넣어 만드는 장, 말린 생선이나 다시마, 미역을 넣어 구수하게 담는 법, 볶은 콩가루를 이용해서 만든 고추장법 등이 기록되어 있다. 이후 『역주방문(歷酒方文)』(1800년대 중엽)의 고추장 담금법에는 보리쌀을 섞는

고추장 담금법이 있고, 청장을 이용하여 간을 맞추는 방법을 이용하였다.
『규합총서(閨閤叢書)』(1815)에 기록된 고추장은 지금과 비슷한 형태로 고추장 메주를 따로 만들어 담그는 방법과 소금으로 간을 맞추는 방법 등이 있고, 『증보산림경제(增補山林經濟)』에 수록된 제조법보다 고춧가루의 비례가 많아지고 메주를 만들 때부터 곡류를 섞어 만드는 등 현재의 고추장 제조법에 유사한 것으로 나타난다. 그 밖에 꿀, 육포, 대추를 섞는 등 다양한 별미 고추장 담는 법이 있고, 소금 대신 청장으로 간을 맞추기도 하였다.

『농가월령가(農家月令歌)』(1861) 중 '삼월령'을 보면 "인간의 요긴한 일 장 담그는 정사로다. 소금을 미리 받아 법대로 담그리다. 고추장, 두부장도 맛맛으로 갖추어"라고 기록되어 있어 장 담그는 일이 일상화되어 있음을 알 수 있다.

8.2 고추장 담그기

고추장은 이용방법에 따라 초고추장용, 찌개용, 장아찌용으로 나뉠 수 있다. 특히 생선의 비린내를 없애주므로 생선조림이나 찌개에는 필수적인 양념이다. 약고추장과 같이 고기를 넣고 볶은 것은 밑반찬으로도 애용된다. 전통식 고추장을 만드는 방법은 콩과 전분질 원료로 메주를 만들고 발효시켜 찹쌀이나 밀가루와 같은 전분질 식재료에 엿기름을 넣고 삭힌 다음 졸여서 만들어두었던 메줏가루에 고춧가루와 소금을 넣어 만든다.

멥쌀을 가루로 만들어 물을 섞어 흰무리로 찐 다음 콩 삶은 것을 절구에 찧어 함께 섞어 반죽하여 어른 주먹만 하게 빚어 도넛모양으로 가운데를 비워 볏짚을 깔고 띄운다. 가을에 메주를 만들어 저장하였다가 봄에 담근다. 8월 중순부터 10월 초순에 담근다. 고추장을 만들기 하루 전날 메줏가루를 냉수에 풀었다가 다음날 찹쌀떡과 고춧가루를 넣어 버무린다.

8.2.1 고추장 메주 만들기

고추장 메주도 추수가 끝난 음력 10월 이후에 만든다. 콩은 불려서 시루에 2시간 이상 찌고, 멥쌀가루에 물을 주어 흰무리로 찐 다음 삶거나 쪄낸 콩과 함께 절구에 넣고 쳐서 주먹만 한 크기로 둥근 모양이나 도넛 모양 메주를 만들어 서늘한 곳에서 말린다. 순창에서는 삶은 콩을 시루에 깔고 쌀가루를 그 위에 층층으로 쌓아서 쪄낸 다음 절구에 쳐서 둥글게 빚어 고추장용 메주를 만든다. 만든 메주는 따뜻한 곳에 짚을 깔고 널어 말린다. 겉면이 대강 마르면 짚으로 달걀 꾸러미처럼 엮어 매달아 한 달 정도 띄운다. 메주를 한 달가량 띄우면 고초균과 효모가 잘 자라면서 표면이 노랗게 되고 갈라보면 속은 노르스름하거나 하얗다. 고초균은 고추장의 전분질과 단백질을 분해하여 잘 익을 수 있게 하고, 효모는 탄수화물로부터 주정(ethanol)과 함께 향기성분을 만들어낸다.

고추장 메주는 간장 메주보다 덜 띄우는 것이 좋은데, 잘 띄운 메주는 쉰 냄새나 썩은 냄새가 나지 않고 가루로 만들었을 때 누르스름한 빛을 띤다. 순창에서는 여름에 만드는데, 이는 고추장의 단맛을 내는 곰팡이가 기온이 높을수록 더 많이 번식하기 때문이다. 음력 7월에 메주를 띄워 음력 11월 중순에서 12월 중순 사이에 고추장을 만들어 저온에서 숙성시키기 때문에 다른 고추장에 비해 당화되는 속도가 느리고 젖산균의 생성이 더뎌, 신맛이 나지 않고 감칠맛이 난다.

8.2.2 엿기름 만들기

엿기름은 겉보리에 물을 주어 싹을 틔운 것을 추운 겨울에 얼렸다 말리기를 반복하여 가루로 만든 것을 말한다. 보리에 싹이 나며 아밀라아제라는 당화 효소가 생성돼서 엿, 조청, 식혜, 고추장 만드는 데 쓰인다. 만드는 법은 보리의 쭉정이는 골라내고 하루 동안 물에 담갔다가 채반에 밭쳐 물을 빼고 시루에 안친 뒤 광목보자기를 덮어두고 수시로 물을 끼얹어가며 싹을 틔운다. 싹이 자라면서 열이 나기 때문에 물을 자주 끼얹어주고 사흘쯤 지나면 뿌리가 나와 엉키기 때문에 다시 쏟아 헤쳐서 물에 씻은 다음 다시 안친다. 보리싹이 1cm 정도 안 되게 자랐을 때 잘 헤쳐서 말린다. 말리는 중간에도 싹이 자라기 때문에 손으로 비벼주고 헤쳐 가며 열이 나지 않게 말려야 한다. 말리는 기간은 늦가을 서리가 내린 후 밤에 서리를 맞혀가며 말린 것이 품질이 좋다.

8.2.3 고추장 버무리기

고춧가루는 색깔이 빨간 태양초를 준비하여 씨를 빼고 곱게 갈아 준비한다. 찹쌀은 가루로 내고, 엿기름은 물에 불려 웃물만 체에 밭쳐 가만히 따라내어 찹쌀가루에 붓고 따뜻하게 낮은 온도를 유지하며 삭힌다. 뿌옇던 물이 맑아지면 약불에서 저어가며 졸여 약 ⅓ 정도가 될 때까지 조리는데 조청보다는 묽게 조린다. 이때 엿기름물의 양이 많으면 장이 묽어지고 쌀의 양이 많으면 되진다. 오래 끓이지 않으면 고추장이 끓어오르거나 곰팡이가 날 수 있으니 충분히 끓인다. 조려진 찹쌀 조청을 넓은 그릇에 쏟아 한 김 식힌 후 따뜻할 때 메줏가루를 넣고, 고춧가루와 소금을 넣어 잘 섞는다. 하루 정도 지난 후 간을 보고 소독한 항아리에 담아 양지바른 곳에서 숙성한다. 고추장용 항아리는 깨끗이 씻어 물기 없이 햇빛에 말리고 입구가 넓고 배가 부른 항아리를 사용하는 것이 좋다. 급하게 장을 담글 때는 전분이나 누룩을 조금 넣고 콩을 볶아서 담글 수도 있다.

8.3 고추장의 종류

고추장의 종류는 재료나 만드는 법에 따라 보리고추장 · 수수고추장 · 무거리고추장 · 약고추장 · 팥고추장 · 고구마고추장이 있다.

찹쌀 고추장	찹쌀가루를 익반죽하여 구멍떡을 빚어 끓는 물에 삶아 건져서 방망이나 주걱으로 풀어 메줏가루를 섞고, 엿기름가루, 고춧가루, 소금을 넣고 덩어리가 지지 않게 섞고 구멍떡 삶은 물로 농도를 맞추어 완성하거나, 찹쌀가루를 엿기름물로 삭혀 졸인 다음 메줏가루, 고춧가루, 소금을 넣어 완성한다. 윤기가 자르르 흘러 초고추장을 만들 때 사용하고 색이 곱다. 찹쌀가루 대신 밀가루를 사용하면 밀고추장이 된다.
보리 고추장	보리쌀을 깨끗이 씻어 가루로 빻아 시루에 찐 다음 한 김 식혀 다시 시루에 넣어 더운 방에 놓고 띄운다. 하얗게 곰팡이가 폈을 때 고춧가루와 메줏가루를 섞고 소금으로 간을 하여 항아리에 담는다. 보리고추장은 엿기름을 쓰지 않는 것이 특징이며 여름철 쌈장으로 많이 이용하며 충청도에서 많이 담근다.

수수 고추장	소금물과 수수가루로 죽을 쑤고 메줏가루와 엿기름가루, 고춧가루를 섞고 소금으로 간을 맞추어 담근다.
팥고추장	멥쌀을 흰무리 찌고, 콩과 팥은 푹 삶아 절구에 넣고 찧어 주먹 크기로 메주를 만든 다음 띄워서 고추장을 담근다.
무거리 고추장	메줏가루를 만들고 남은 무거리와 보릿가루 · 엿기름가루 · 고춧가루를 섞어 담그는 것으로, 주로 찌개고추장으로 쓰인다. 맛이 새큼하고 달다.
약고추장	고기를 곱게 다져 갖은양념을 하여 번철에 기름을 두르고 볶다가 고추장 · 파 · 생강 · 설탕을 넣고 볶아 만든다. 식은 뒤에 잣을 섞으면 더욱 좋다.
고구마 고추장	삶은 고구마에 엿기름을 넣어 삭힌 것을 삼베자루에 넣고 짜서, 엿 달이듯이 졸여서 고춧가루 · 메줏가루 · 소금을 넣어 만든다.
마늘 고추장	마늘이 많이 나는 계절에 찹쌀가루, 다진 마늘, 메줏가루, 고춧가루를 넣어 만든다.
대추 고추장	대추를 고아 대추고를 만들어 찹쌀가루, 메줏가루, 고춧가루를 넣어 만든다.
순창 고추장	찹쌀 · 누룩 · 고춧가루로 만든다. 누룩은 멥쌀 1말에 콩 8되의 비율로 만들고, 쌀은 불려서 가루로 만들고 콩은 2일간 찬물에 담갔다가 시루에 콩과 쌀가루를 켜켜로 놓아 쪄낸다. 이것을 절구에 찧어 주먹 크기로 빚고 가운데 구멍을 내어 바람이 잘 통하는 그늘에 1개월간 매달아 둔다. 10여 일이 지나면 노랗게 곰팡이가 피었다가 20일쯤 지나면 자연히 본색으로 된다. 이것을 잘게 쪼개어 밤이슬을 맞히면서 말려 가루로 만들고, 다시 5일 동안 건조시킨다.

8.4 개량고추장 제조

개량누룩을 만드는 과정은 찐 찹쌀이나 콩에 황국균(*Aspergillus oryzae*)을 뿌려 접종시킨 후 25~35℃에서 2~3일 정도 띄운다. 흰색 균사가 발생하고 색이 황색이 되면 건조하여 빻아 코지를 만든다. 쌀이나 보리 밀 등의 전분질원료를 가루로 만들어 물을 부어 된죽을 쑤고, 코지와 따뜻한 물을 섞어 60℃ 정도 되게 하여 3시간 동안 당화시킨다. 코지가루는 전분질 원료의 30~40%가 적당하고 당화온도가 너무 낮으면 젖산균이 번식하고 온도가 높으면 당화효소가 파괴되어 당화가 일어나지 않는다. 당화가 끝나면 소금과 고춧가루를 넣고 고루 섞어 용기에 담아 30℃ 정도에서 한 달 정도 숙성시킨다. 잘 만들어진 고추장은 단맛, 구수한 맛, 짠맛 및 매운맛이 잘 조화된 것이 좋으며 너무 매운맛이 나거나 신맛이 나지 않아야 한다.

8.5 고추장의 영양

고추장은 다른 장류보다 멥쌀이나 찹쌀 등의 전분질 재료를 사용하여 전분질 사용이 많은 당질식품으로 단맛을 내고, 콩 가공식품으로 함량은 떨어지지만 단백질 식품으로 감칠맛을 낸다. 고추의 캡사이신은 매운맛을 내고 소금이 짠맛을 내어 고추장 특유의 맛과 색을 지닌다. 특히 캡사이신은 항균작용이 있고 땀이 나게 해서 노폐물 배출작용과 체지방 감소 등의 기능이 있다. 고추장은 묵혀서는 잘 먹지 않고 매해 새로 담가 먹으며 묵은 고추장은 장아찌용으로 많이 사용한다. 고추의 붉은색은 햇볕에 장시간 노출되면 검붉은색으로 변한다.

9. 청국장

가을부터 이듬해 봄까지 만들어 먹는 식품으로, 콩과 볏짚에 붙어 있는 *Bacillus subtilis*를 이용하여 만든 장이 청국장이다. 콩 발효식품류 중 가장 짧은 기일(2~3일)에 완성할 수 있으면서도 그 풍미가 특이하고 영양적, 경제적으로도 가장 효과적인 콩의 섭취방법으로 인정되고 있다.

9.1 청국장의 역사

유중림에 의해 출간된 『증보산림경제(增補山林經濟)』(1766)에 시의 설명 중 "대두를 잘 씻어 삶아서 고석(볏짚)에 싸서 따뜻하게 3일간을 두면 생진(生絲)이 난다"고 하였다. 홍만선의 『산림경제(山林經濟)』(1715)에 전국장이라는 명칭이 처음 기록되었으며, 제법도 소개되어 있다. 전시(戰時)에 부식으로 시급히 단시간 제조 가능하여 붙여진 이름으로 전국장(戰國醬)이라 한다는 설과, 청나라로부터 전래되었다는 의미로 청국장(淸國醬)이라고도 하며, 전시장(煎豉醬)이라고도 한다.

청국장은 쌀을 주식으로 하는 중국이나 한국, 일본 등의 나라 중 해산물이 귀한 내륙지방에서 단백질 급원으로 발전했다고 보는 견해도 있다. 우리나라에서는 1950년 이전까지만 해도 주로 남쪽, 즉 전라도나 경상도에서 식용했는데 지금은 우리나라 전역에서 식용하게 되었다.

9.2 청국장 제조

콩을 물에 불려 갈색이 나도록 푹 삶은 후에 짚을 깔고 40~50℃의 더운 곳에서 18~20 시간 정도 발효시킨 뒤에 끈끈한 실이 생기면 절구에 반 정도만 찧어서 소금, 파, 마늘, 고춧가루 등을 섞어 만드는 장이다. 비교적 짧은 시간에 손쉽게 만들어 먹을 수 있는 장점이 있다. 콩을 속성으로 발효시켜 만든 낫토보다는 저장기간이 길지만, 소금을 적게 넣고 만들었기 때문에 다른 장에 비해 오랫동안 두고 먹을 수는 없는 단점이 있다. 청국장은 발효시간이 된장에 비해 매우 짧기 때문에 소화효소와 우리 몸에 유익한 균이 활성화되어 있으며, 소금을 넣지 않고 발효시켜 과도한 염분 섭취를 막을 수 있다.

9.3 청국장의 분류 및 종류

청국장은 우리의 재래 청국장과 일본의 낫토(natto)로 구분할 수 있다. 우리의 청국장은 고초균(*Bacillus subtilis*)을 주로 이용하며, 일본의 낫토는 납두균(*Bacillus natto*)을 순수하게 배양한 것을 이용한 것으로 고초균과 함께 볏짚에도 많이 있다. 발효과정이 비슷하지만 우리의 청국장은 파 · 마늘 · 고춧가루 · 소금을 넣어 찧은 다음 이를 숙성하여 약간의 저장성을 갖게 한 점에서 다르다.

먹는 방법에 있어서도 우리의 재래 청국장은 찌개처럼 끓여 먹는데, 일본의 낫토는 간장과 달걀을 넣고 저어서 그대로 먹는 것이 일반적인 방법이다. 청국장과 낫토는 먹는 방법이 다르지만, 균을 이용하여 제조한 발효식품이라는 점에서는 서로 유사하다.

9.4 청국장의 영양

청국장은 탄수화물 위주의 식생활에서 부족되기 쉬운 단백질을 공급하는 데 큰 효과가 있으며, 각종 효소작용으로 콩 성분이 분해되어 소화성이 우수하다. 발효과정 중에 특히 비타민 B_2의 함량이 증가하는데 원재료에 비해 5～10배까지 증가한다.

청국장은 혈압 상승 방지작용에 관계한다. 포도상구균의 방어효과가 있어 항염효과가 있으며 소화력 향상에 좋다. 암예방과 이질, 장티푸스 등의 질병예방 및 치료에 효과적이라는 연구결과도 있다.

Chapter 3
김치

김치류라 함은 식품공전에 배추 등 채소를 주원료로 하여 절임, 양념혼합공정을 거쳐 그대로 또는 발효시켜 가공한 김치와 김치를 제조하기 위해 사용하는 김칫소를 말한다. '채소를 소금물에 담근다'는 의미의 '침채(沈菜)'는 '팀채', 혹은 '딤채'로 발음되었는데 구개음화로 인해 '짐치'가 되었다가 오늘날의 '김치'가 된 것으로 추정된다.

김치는 밥이 주식인 우리의 밥상에서 빠질 수 없는 중요한 음식이다. 곡류가 주식인 밥상문화에서 비타민이나 무기질이 풍부한 채소의 섭취가 필요한데 김치를 먹음으로써 식이섬유, 비타민, 무기질의 급원이 되고 항산화 및 항암성분이 많은 마늘, 고추도 섭취한다. 또한 김치는 날씨가 추운 겨울에 대비한 채소의 저장방법으로 건조방법과 함께 채소를 소금에 절이거나 장·초·향신료 등과 섞어서 새로운 맛과 향기를 생성시키면서 저장발효음식으로 발달하게 되었다.

1. 김치의 역사

김치에 관한 기록은 지금으로부터 3000년 전 중국 최초의 시집인 『시경(詩經)』에 "밭두둑에 외가 열었다. 외를 깎아 저(菹)를 담그자"는 구절이 있는데 이 '저(菹)'가 바로 김치이다. 옛 문헌에 혜(醯), 제(齏), 저(菹), 엄(醃) 등은 모두 김치류로도 볼 수 있는데, 혜(醯)는 사전상으로 식혜, 초, 육장이지만 김치, 젓갈, 장도 의미한다. 해(醢)도 사전상으로 젓갈, 육젓, 육장이지만 김치를 포함한다. 이러한 이유로 김치의 역사를 보면 장이나 식초의 유래와 같이 보기도 한다.

김치의 어원을 찾아보면 이규보(李奎報)의 『동국이상국집(東國李相國集)』(1241)에서는 김치 담그기를 염지(鹽漬)라 하였는데, 이것은 지(漬)가 물에 담근다는 뜻을 가지고 있는 데서 김치의 종류로 본다. 이후 고려 말기 유교가 도입되어 중국의 영향으로 저(菹)라는 명칭이 쓰였다. 즉 본래 지(漬)라고 부르던 것이 유교사상에 따라 고려 말부터 저(菹)라 부르게 된 것이다.

1.1 삼국시대

중국의 『삼국지위지동이전(三國志魏志東夷傳)』에 "고구려 사람들이 술 빚기, 장 담그기, 젓갈, 채소 발효시키기를 좋아하고 또한 잘한다"라는 기록이 있다. 『삼국사기(三國史記)』 신라본기 신문왕조에는 신문왕 3년(683)에 왕비를 맞으면서 주(酒), 장(醬), 시(豉), 혜(醯) 등을 폐백으로 보냈다는 기록이 있다. 당시 재배하던 가지, 박, 무, 죽순, 산채 등을 소금, 식초, 장, 술지게미, 누룩 등으로 절여서 익힌 김치류가 있었을 것이다. 그러나 제대로 알 수 있는 기록이 없으므로 교류가 많았던 중국 고대의 저채법(菹菜法)에서 우리의 김치를 유추하고 있다.

백제 근초고왕 때 중국의 요서, 산동, 북경 지역을 지배하다가 『제민요술』이 쓰여진 500년대에 요서지방을 중국에 뺏겼으나 백제의 식문화는 남아 있었다고 추정하는데 중국 고대의 김치는 단순히 소금물이나 식초에 절이는 것인 데 반해 『제민요술』에 기록된 김치는 우리나라의 김치와 종류가 같은 것으로 보아 백제의 것이라는 연구가 있다.

1.2 고려시대

고려 중엽에 이규보가 지은 『동국이상국집(東國李相國集)』 시(詩)의 가포육영(家圃六

詠)이라는 시 속에는 순무를 재료로 한 김치가 우리 문헌상 최초로 등장한다. "무장아찌 여름철에 먹기 좋고 소금에 절인 순무 겨울 내내 반찬 되네." 이로써 고려시대의 김치로는 무장아찌와 무 소금절이 김치가 있었음을 알 수 있다.

이달충(李達衷)의 『산촌잡영(山村雜詠)』이라는 시에서는 "여뀌에다 마름을 섞어서 소금절이를 하였다"는 구절이 보이는 것으로 미루어 야생초로도 김치를 담갔던 것 같다. 고려 성종 『고려사』「예지(禮志)」에 소개된 제사 상차림에는 미나리, 죽순, 순무, 부추 등을 절인 음식이 기록되어 있다. 고려 말 이색의 『목은집(牧隱集)』에도 김치, 산갓김치, 오이장아찌 등이 기록되어 있다.

1.3 조선시대

궁중에는 김치를 담그는 침장고(沈藏庫)라는 관이 있었고, 『조선왕조실록』에 저(菹)에 대한 기록이 나오는데 제향의 진설품목에 부추김치(韭菹), 미나리김치(芹菹), 죽순김치(笋菹), 무김치(靑菹) 등이 있다. 궁중잔치인 「진찬의궤」나 「진연의궤」에도 장김치, 산삼장김치, 무장김치, 오이장김치, 가지장김치 등이 기록되어 있으며 『원행을묘정리의궤』에도 젓갈김치, 무김치, 도라지김치, 유자김치, 배김치 등 다양한 김치가 기록되어 있다.

반가의 김치로는 1670년경 안동 장씨 부인이 『음식디미방』에 기록한 '무염침채(無鹽沈菜)'처럼 채소 자체를 소금 없이 숙성시키는 것이 있다. 또 '생치침채법(生雉沈菜法)'은 식물성 재료와 동물성 재료를 함께 이용하는 특색을 보인 것이기도 하다.
1600년대 말엽의 것이라고 추정되는 『요록(要錄)』이라는 문헌에는 11종류의 김치류가 기록되어 있다. 이들 김치류에도 고추를 재료로 쓴 것이 하나도 없고, 무 · 배추 · 동아 · 고사리 · 청태콩 등의 김치와 무를 소금물에 담근 동치미가 설명되어 있다.

김치의 재료로는 동아 · 오이 등의 외무리가 많고 무도 쓰이고 있음을 알 수 있다. 또 생치잔지히, 생치지히 등이 보이는데 2차 재료로 쓰이는 소금절이 가공품도 역시 '지히(지)'라 부르고 있음을 알 수 있다. 이러한 기록은 전에 중국의 문헌을 참고로 기록된 것과는 다르게 우리 고유의 조리법을 기록한 것이라는 데 의미가 깊다.

조선 전기의 김치류는 장아찌나 짠지류와 국물이 많은 나박김치류, 꿩고기와 같은 고기를 넣은 김치, 소금을 넣지 않고 숙성시키는 김치류가 발달되었고 고추를 사용하지 않았음을 알 수 있다. 색을 곱게 하는 데 맨드라미가 사용되었다는 기록도 있다. 그 밖에 동치미 · 배추김치 · 용인오이지 · 겨울가지김치 · 전복김치 · 굴김치 등이 기록되어 있는데 특히 겨울용 김치에 여름철에 절여두었던 오이, 가지, 호박 등을 섞어 쓰고 생강, 파, 마늘, 고추 등의 양념류가 사용되면서 주재료와 부재료가 구분되어 오늘날의 김치와 비슷한 모양이다.

고추는 임진왜란(1592~1598) 전후에 일본을 통해 우리나라에 들어왔는데 본격적으로 고추가 김치에 사용된 기록은 1766년에 나온 『증보산림경제(增補山林經濟)』로 침나복함저법(沈蘿葍醎菹法), 황과담저법(黃瓜淡菹法)에는 고추가 처음 사용된 기록이 있지만 주재료가 아닌 약간의 부재료로 사용된 듯하다.

1809년 『규합총서(閨閤叢書)』에는 낙지, 전복, 소라 등의 해산물과 함께 조기젓, 굴젓, 준치젓, 밴댕이젓 등 한 가지 김치에 두세 가지 이상의 젓갈로 간을 맞추고 있다. 1827년 『임원십육지(林園十六志)』에 92종의 김치 담그는 법이 있고, 고추 사용의 적극 권장은 물론 김치를 엄장채(醃藏菜) · 자채(酢菜) · 제채(虀菜) · 저채(菹菜, 沈菜) 등의 네 가지로 분류하고 있으며 저(菹)를 침채(沈菜)라는 우리 고유의 표현으로 기록하고 있다.

1.4 1900년대 이후

근대 및 현대의 김치 변화의 주된 요인은 김치 재료의 품종개량과 젓갈 및 조리법의 일반화라고 할 수 있다. 지금처럼 속이 꽉 찬 결구형 배추가 등장하여 배추통김치가 만들어지고 개성의 보김치가 유명해지기도 했다.

1915년『부인필지』에는『규합총서』에서 발췌한 김치를 모아 적어놓았는데 동치미, 용인과지, 장짠지 등을 자세히 서술하였다. 1917년 방신영의『조선요리제법』에는 나박김치, 동치미, 배추김치, 섞박지, 용인외지, 장김치, 짠지, 젓국지, 전복김치, 닭김치, 깍두기 등이 기록되어 있다. 이후에도 많은 조리서에서 다양한 김치류가 나오며 점점 더 발전하여 왔다. 현대에 와서 이효지 교수의 문헌에 기록된 김치연구에 의하면 김치는 141가지, 깍두기는 10가지로 총 151가지의 김치류가 기록되어 있다고 한다.

2. 궁중의 김치

조선시대 수라상은 임금이 평소에 받는 반상으로 김치는 배추김치(젓국지)와 송송이(깍두기), 국물김치 세 가지가 오른다. 젓국지는 궁중에서 담근 통배추 김치인데 조기젓이나 황석어젓을 많이 넣고 담가 붙인 이름이다.『조선무쌍산식요리제법』에서는 "젓국지는 배추와 무를 씻어 한 치 길이씩 썰어 소금에 절인 다음 고추, 마늘, 미나리, 갓은 채쳐 넣고 청각도 조금 넣고 조기젓국에 물을 타 끓여서 식힌 후에 간간하게 많이 붓고 뚜껑을 잘 덮어 익힌다"고 하였다.

동치미는 배와 유자를 넣어 시원한 국물이 특징이었는데 보통 소금과 무와 물이 기본이지만 옛날부터 궁중에서는 고명을 더 많이 넣어 향미를 더하였다. 동치미를 담글 무는 잘고 모양이 예쁜 것으로 골라 씻어서 하룻밤 절인 다음 독을 묻고 넣는다. 그 산뜻한 맛에 반한 고종은 겨울철 야참으로 동치미 국물에 육수를 섞어서 메밀국수를 만 냉면을 즐겼다고 한다. 이를 위해 배를 많이 넣어 담근 냉면용 국물김치를 따로 담갔다고 한다.

깍두기를 궁중에서는 송송이라 하고, 정월 세찬으로 감동젓무를 담그는데 무에 배추속대도 넣고 버섯이나 밤, 배 등과 해물도 넉넉히 넣은 고급스런 깍두기다. 이외에도 봄과 여름에는 무와 배추를 섞어서 나박김치를, 겨울철에는 간장으로 간을 한 장김치를 담갔다. 1957년『이조궁중요리통고』에는 14가지의 김치가 기록되어 있는데 매우 적은 양의 고춧가루를 사용한 특징이 있다.

3. 김치 재료

3.1 배추

배추에는 풍부하게 들어 있는 비타민 C는 감기를 물리치는 특효약이다. 소화도 잘되고 배변이 부드러워 변비 예방에 도움이 되고 대장암 예방에도 효과적이다. 배추에 들어 있는 비타민은 겨울에 부족되기 쉬운 비타민을 보충해 준다. 배추에 들어 있는 칼슘은 산성을 중화하는 데 도움을 준다.

김장 배추는 수분이 많지 않고 너무 크지 않으면서 묵직한 것이 좋다. 크기는 크거나 작지 않은 중간 크기가 좋고, 2kg 내외의 것이 좋다. 김치를 담그는 배추는 가을배추이다. 배추는 푸른 잎이 많고 껍질이 얇으며 잎이 길쭉하지 않고 옆으로 퍼져 단단하게 밀착되어 검은 점이 없이 온전히 있으며 뿌리를 자른 면이 하얀 것이 싱싱하다. 보쌈김치용으로는 푸른 잎이 많은 것이 좋고, 백김치용으로는 잎이 짧고 통통하며 큰 것은 피하는 것이 좋다.

얼갈이는 속이 차기 전에 수확한 여름배추로, 얼갈이라는 명칭은 얼면서 녹으면서 큰다 하여 붙여졌다는 설과 이른 봄 딱딱하게 언 땅을 대충 갈아 심었다 해서 얼갈이라

고 하게 되었다는 말이 전해지고 있다. 봄동은 노지(露地)에서 겨울을 보내어, 속이 들지 못한 봄배추로 잎이 옆으로 퍼진 모양으로, 맛이 달아 봄김치용으로 먹는다.

3.2 무

무는 대부분이 수분이며, 비타민 C가 많아 겨울철 채소가 귀했던 시절에 중요한 비타민 C의 공급원으로 꼽혔다. 특히 무에는 전분 분해효소인 디아스타아제(Diastase)가 함유되어 있어 생식하면 소화를 돕는다. 따라서 떡이나 밥을 먹을 때 무와 같이 먹으면 좋다. 이외에도 단백질인 라이신(lysine)함량이 높아 곡류 단백질의 부족한 영양소를 보충할 수 있다.

봄과 여름에 나는 무는 크기가 작고 무르고 매운맛이 나기 때문에 소금에 절여서 사용하고, 가을무는 단단하고 수분이 많으면서도 맛이 달아 김장용으로 좋다. 좋은 무는 몸이 매끈하고 무청부위가 싱싱하며 묵직하고 단단하여 바람이 들지 않은 것이 좋다. 또한 무청이 달려 있던 윗부분이 무의 절반 정도로 연녹색이 나는 것이 좋다.

3.3 고추

고추는 비타민이 많고, 무기질 중에는 칼륨(K), 인(P), 칼슘(Ca)도 함유되어 있다. 고추의 매운 성분인 캡사이신(Capsaicin)은 혈전 용해력이 있어 혈관을 확장시켜 주며 혈중콜레스테롤의 수치를 감소시켜 주고 체지방을 줄여 비만의 예방과 치료에 도움이 되고 열을 가해도 쉽게 산화되지 않는다.

고추는 빛깔이 곱고 선명하며 윤기가 있고 두께가 두껍고 씨가 적으며 반으로 잘라보아 곰팡이가 없는 것이 좋다. 태양초는 빛깔이 곱고 선명하며 투명하여 고추씨가 비춰 보인다. 잘 말린 고추는 씨를 빼고 가루 내어 사용하는데 고추씨에는 지방성분이 있어 산패하기 때문이다. 그러나 금방 먹는 백김치나 섞박지, 무청김치를 담글 때 고추씨를 조금 넣으면 구수한 맛이 나서 좋다.
고추의 종류는 다음과 같다. 조선 고추는 진한 다홍색으로 매운맛이 강하고 독특한 풍미가 있으나 크기가 작고 껍질이 얇아 가루가 많이 나오지 않는다. 호고추는 매운맛이 적은 대신 단맛과 향기가 좋고 껍질이 두꺼워 수확량이 많다. 영양고추는 길이가 짧고 둥근 편이며 단맛과 향기가 호고추보다 많으나 매운맛은 적다.

3.4 마늘

마늘의 주요 성분은 알리신(allicin)이라는 화합물로, 살균작용이 강하고, 강력한 항균작용으로 세균의 발육을 억제하고 항암효과가 있다. 혈액 중의 콜레스테롤을 낮추어 줌으로써 혈액순환을 촉진시켜 동맥경화 및 심장병을 억제하는 작용을 한다. 마늘은 품종에 따라 육쪽마늘(소인편종), 여러쪽마늘(다인편종), 장손마늘이 있다.

김치를 담글 때는 육쪽마늘로 김치를 담가야 매우면서 단맛이 난다. 김장 김치에는 매운맛이 강한 여러쪽마늘을 사용한다. 장아찌를 담글 때는 장손마늘을 사용한다. 마늘을 고를 때는 손으로 만져보아 단단하고 껍질이 잘 말라 섬유질이 보이며 붉은기가 돌고 매끈한 것이 좋다. 깐 마늘을 살 경우 알이 단단하고 상처가 없는 것을 고른다.

3.5 파

파의 영양가는 흰 부분보다 파란 부분에 많은데 비타민, 칼슘 등이 함유되어 있다. 몸을 따뜻하게 해서 열을 내리고 기침이나 담을 없애 준다고 해서 감기의 특효 채소로 알려져 있기도 하다.
이러한 효능을 가지는 파의 알리신이라는 성분은 휘발성이므로 물에 담그거나 오래 가열하면 그 효과가 없어진다.

파는 대파와 쪽파로 구분되며 대파의 경우 흰 부분을 먹기 때문에 흰 부분이 굵고 길며 광택이 있고 매끄러우며 잎이 짧은 것이 좋다. 쪽파의 경우 뿌리의 흰 부분이 둥글고 잎이 짧은 재래종이 좋다. 파김치를 담글 때는 머리 부분이 크지 않고 길이가 짧은 것이 맛이 좋다. 김치에 파를 많이 넣으면 자극이 강하고 쓴맛이 나며 빨리 시어질 수 있으므로 적당히 넣는 것이 좋다.

3.6 젓갈

젓갈은 각종 어패류를 소금에 절인 동물성 식품으로 김치에 단백질과 지방을 공급해 주어 깊은 맛이 나게 한다.

새우젓	5월에 담그면 '오젓', 6월에 담그면 '육젓', 가을에 담그면 '추젓', 겨울에 담그면 '동백하젓'이라 부르는데 김장용으로는 육젓이 가장 좋다. 새우의 형태가 변하지 않고 굵고 살이 통통해서 맛이 좋으며 각 지방에 따라, 계절에 따라 다르게 사용된다. 가장 많이 사용하는 새우젓은 끓이지 않고 생것으로 이용하는데 지방이 적어 담백한 맛을 낸다. 김치를 담글 때 새우젓은 붉은색을 띠고 살이 탄력 있는 것이 좋다.
멸치젓	봄에 담근 것을 '춘젓', 가을에 담근 것을 '추젓'이라 하는데 춘젓이 추젓에 비하여 맛과 질이 우수하다. 멸치젓은 비늘이 적고 알이 배고 뼈가 만져지지 않을 정도로 푹 곰삭고 비린내나 기름기가 없는 것이 좋다. 멸치가 너무 큰 것은 좋지 않고 젓국에 비린내가 남아 있으면 숙성이 불충분한 것이고, 웃물에 기름기가 남아 있으면 기름이 산패하여 떫은맛이 난다. 일반적으로 한번 푹 끓여서 고운체에 밭쳐 국물만 쓰는데, 오랫동안 김치를 먹으려면 끓이지 않고 생젓을 이용한다.
조기젓	비늘에 윤기가 있으며 아가미는 붉고 선명하며 살에 탄력성이 있는 것을 고른다. 조기젓은 젓국이 맑고 표면이 약간 누른빛이 나는 은빛을 띤다.
황석어젓	황석어젓은 노란 기름이 뜨고 속이 노르스름한 것이 좋으며 국물이 적고 꼬들꼬들한 것이 좋다. 속이 시커먼 것은 물을 탄 것이므로 주의한다.

3.7 기타 부재료

생강	위를 따뜻하게 하는 생강은 몸이 찬 사람에게 좋은 재료이다. 몸을 데우는 것은 생강의 매운 성분인 진저올 · 진저론인 것으로 알려졌다. 또 소화불량이나 목이 칼칼하고 감기 기운이 있을 때도 유익하다. 생강은 고유의 매운맛과 향기가 강하고 쪽이 굵고 고르며 굴곡이 적고 껍질이 얇고 깨끗하며, 마르지 않고 잘랐을 때 섬유질이 많지 않은 것이 좋다. 크기가 큰 수입종보다 작지만 굵기가 굵고 단단한 재래종이 좋다.
양파	양파의 매운 성분에는 항균효과가 있어 박테리아균을 없애며, 식중독의 원인인 살모넬라균과 대장균을 멸균하는 효과가 있다. 또한 양파를 먹으면 피로가 풀리고, 동맥경화, 고혈압, 심장질환에 좋으며 발암물질을 억제하는 효과가 있다.
부추	부추는 베타카로틴의 함량이 많은 채소로 방향성분인 알릴설파이드(allylsulfide)는 위나 장을 자극하여 소화효소의 분비를 촉진하여 소화를 돕고 살균작용을 한다. 부추 잎은 색깔이 선명하여 짙은 녹색을 띠고 곧게 쭉 뻗은 것을 고른다. 잎이 어리고 뿌리 쪽의 흰색 줄기 부분이 많을수록 더 맛이 좋다.
갓	갓은 색에 따라 푸른 갓과 붉은 갓으로 나눈다. 색이 진할수록 냄새가 강하다. 갓은 줄기가 연하고 잎이 부드러우며 윤기가 나고 싱싱한 것이 좋다. 붉은 갓은 배추김치나 깍두기 등에 주로 사용하고, 푸른 갓은 동치미나 백김치에 넣어 시원하고 청량감을 준다. 그러나 동치미 국물에 붉은색을 내기 위해 붉은 갓을 쓰기도 한다. 줄기가 억세고 큰 것은 김치 덮개로 쓰면 김치가 싱싱하고 맛이 시원해진다. 돌산갓은 일반갓에 비해 줄기가 넓으면서 겉에 가시가 없다. 김치를 담그면 익었을 때 톡 쏘면서 시원한 맛을 내는 것이 특징이다. 돌산갓은 주로 여수에서 많이 난다.
미나리	미나리는 특유의 향이 나고 달면서 맵다. 성질은 냉하여 비타민, 무기질, 섬유질이 풍부하다. 길이가 길고 줄기가 통통하며 윤기가 돌고 잎이 많은 것이 연하고 향기도 좋다.
청각	청각은 김치의 탄산미를 내어 시원하게 하고 찡한 맛을 내며 향기가 좋다. 주로 동치미와 백김치에 넣는데 마른 것, 불린 것, 생것이 있다. 마른 것은 푸른빛이 많은 것으로 돌이나 티 없이 깨끗이 말려진 것, 생것은 검은 녹색빛을 띠고 가지가 통통하며 탄력성이 있고 윤기가 나는 것이 좋다.
소금	배추를 절이거나 웃간을 할 때는 굵은소금인 천일염을 사용한다. 전체적으로 하얗고 이물질이 없으며 알갱이가 고른 것이 좋다. 김치의 간을 할 때는 재염인 꽃소금을 사용한다. 수분 없이 건조한 것이 좋고 간수(염화마그네슘)가 빠진 것을 써야 배추가 무르지 않고 아삭하다.
찹쌀가루, 밀가루풀	김치의 단맛을 내는 재료이며 고춧가루와 잘 어우러지게 한다. 겨울철에는 찹쌀풀로 쑤어서 넣으면 김치에 감칠맛이 돌아 김치 맛을 더욱 좋게 한다. 여름철에는 밀가루 풀로 쑤어서 넣으면 재료의 풋맛을 순화시켜 준다.

4. 김장문화

저장발효음식이 발달한 우리의 음식문화에서 장 담그기와 김장은 연중 2대 행사라 할 만큼 중요하고 큰 행사였다. 장 담그기가 일 년의 기본양념을 준비하는 일이라면 김장은 채소가 나지 않는 한겨울을 건강하게 나기 위한 중요한 먹거리를 준비하는 일이었다. 긴 겨울을 나야 하는 우리나라의 김장문화는 정확한 기원을 알 수는 없지만 문헌상으로 19세기부터 시작되었고, 고려시대 이규보가 순무에 관해서 쓴 시에 "담근 장아찌는 여름철에 먹기 좋고, 소금에 절인 김치는 겨울 내내 반찬 되네"라는 내용으로 보아 이 때 시작되었을 것으로 유추할 수 있다.

조선후기의 『농가월령가(農家月令歌)』에 보이는 김장 모습은 다음과 같다.

무 · 배추 캐어 들여 김장을 하오리다.
앞 냇물에 정히 씻어 함담(鹹淡)을 맞게 하소.
고추 · 마늘 · 생강 · 파에 젓국지 장아찌라.
독 곁에 중두리요 바탱이 항아리요.
양지에 가가 짓고 짚에 싸 깊이 묻고…….

『동국세시기(東國歲時記)』에서 김장과 장 담그기는 일 년의 2대 행사라고 하였다. 이러한 기록으로 보아 김장은 오랜 기간 우리 식문화에서 중요한 의미를 가지고 있다고 볼 수 있다.
김장 담그는 시기는 지역마다 조금씩 차이가 나며 김장을 담글 때도 설 명절을 기준으로 설날까지 먹는 김치는 양념류를 넉넉히 넣고, 명절 이후 봄철까지 묵은지로 먹을 김치는 양념류를 줄이고 간을 좀 더 짭짤하게 담그는 것이 빨리 시어지지 않아 먹기에 좋다. 김치는 담그는 재료에 따라 다양한 방법이 있으나 대체적으로 재료의 손질과 세척 → 절이기 → 속재료 준비하기→ 버무리기→ 숙성하기 순으로 진행된다.

오랜 시간 세대를 거쳐 전승되고 재창조되어 온 우리의 김장문화는 2013년 12월 5일자로 유네스코에 인류무형문화유산으로 만장일치 등재되었다.

5. 김치 담그기

5.1 재료의 손질과 세척

배추는 겉에 누런 잎은 떼어내고 반으로 잘라 세척하지 않고 절인다. 반으로 자르고도 크기가 큰 경우 뿌리 쪽에 칼집을 넣어 절여진 후 4등분이 되도록 한다. 무는 무청이 달린 곳은 자르고 잔털을 잘라낸 뒤 깨끗이 씻는다. 파, 마늘, 생강, 갓 등 기타의 재료는 깨끗이 씻어서 준비한다.

5.2 절이기

배추를 소금에 절이는데 이는 삼투압작용으로 소금농도가 낮은 배추의 수분이 밖으로 용출되고 적당히 간이 들게 하며 수분을 빼내어 숨을 죽여 부드럽게 만들어 부재료와 잘 섞이게 하기 위함이다.
절이는 방법으로는 배추의 사이사이에 소금을 뿌려서 절이는 마른 소금법으로 소금양은 배추무게의 10~15% 정도로 사용한다. 소금물에 담가 눌러서 절이는 염수법의 경우 10~13%의 소금물에 15~20시간 정도 절이는 염수법이 있다.

배추의 크기와 두께에 따라 소금양이 차이가 있다. 김치가 완성되었을 때 소금의 농도는 2~3%가 적당하다. 보통 가정에서는 마른 소금법과 염수법을 혼용해서 절인다. 소금은 간수를 뺀 천일염으로 사용하는 것이 좋다. 절이기가 끝난 배추는 2~3회 깨끗이 씻은 뒤 엎어서 쌓아올려 물기를 완전히 뺀다.

5.3 소 넣기(속 채우기)

소의 배합은 개인의 기호도나 지방별 식재료에 따라 다양하게 만들 수 있다. 대략 무는 채를 썰고 파, 갓 등은 적당한 길이로 자르고, 마늘과 생강은 빻거나 갈아서 넣는다. 지역에 따라 풀을 쑤어 양념을 만들기도 하며 특히 젓갈의 이용에 따라 다양한 맛의 김치를 만들 수 있다.

5.4 숙성

김치의 숙성은 보관온도와 식염 농도에 따라 다르고 부재료의 종류나 배합비율에 따라서도 다르다. 숙성온도가 낮을수록, 식염 농도가 높을수록 숙성기간이 오래 걸리는데 숙성에 알맞은 온도는 5~10℃이며 숙성기간은 15~20일이 적당하다.

5.5 저장과 보관법

· 신선한 김치 맛을 오래도록 유지하려면 4~5℃의 저온에서 보관해야 한다.

· 보관용기에 김치를 넣은 뒤 손으로 꾹꾹 눌러 중간에 들어 있는 공기를 빼주고, 절인 우거지나 비닐을 덮어 공기와의 접촉을 차단한다.

· 김치는 큰 용기보다는 작은 용기에 나누어 담는 것이 좋다. 많은 양을 한꺼번에 넣어 두면 꺼낼 때마다 김치와 공기가 접해 빨리 시어버리기 때문이다.

· 김치가 시는 것은 김치 내의 산도(酸度)가 낮아지는 것이므로, 깨끗이 씻은 달걀껍질(알칼리성 재료)을 면포에 싸서 김치 사이사이에 넣어두면 시어지는 것을 방지할 수 있다.

6. 김치의 종류

우리나라는 남북으로 길게 뻗어 있어 남과 북의 기온 차이가 있고 삼면이 바다면서 사계절이 뚜렷하여 각 지방마다 산물이 조금씩 차이가 있어 특색 있는 김치가 다양하게 발달되어 왔다. 고춧가루의 사용량과 젓갈의 종류 및 사용량에 따라 각 지방의 특색이 나타난다고 볼 수 있다.

6.1 각 지역별 김치의 특징과 종류

지역	특징
서울, 경기	고려와 조선의 도읍이 있어 음식이 발달되었으며 간은 짜지도 싱겁지도 않은 중간 정도의 맛이다. 젓갈은 새우젓, 조기젓, 황석어젓 등을 주로 사용하는데 많이 넣지는 않고 생새우, 생굴 등을 넣기도 하였다. 궁중김치로는 간장으로 담근 장김치, 무를 삶아 고춧가루에 버무린 숙깍두기, 술안주로 선물하던 곤쟁이젓을 재료로 넣은 감동젓무, 낙지, 전복, 밤, 대추, 석이 등의 고급 식재료를 넣은 개성 보쌈김치 등이 있고, 강화 순무김치와 일반적으로 배추김치, 열무김치, 나박김치, 백김치, 동치미, 오이소박이, 비늘김치, 깍두기가 있다.
강원도	강원도는 태백산맥을 중심으로 해안지방인 영동과 산간지방인 영서로 나뉘고 기온이 낮아 간이 짜지 않다. 채소로만 담근 김치류로 산갓김치, 더덕김치 등이 있고, 영동지방은 해물을 넣은 김치가 발달되었다. 명태를 통째로 사용한 명태김치, 창란젓을 넣은 창란젓깍두기, 오징어나 도루묵을 넣어 담근 해물김치, 북어대가리를 넣고 만들어 시원하고 개운한 맛의 강릉깍두기가 있다.
충청도	중부 서해안을 접하고 있기 때문에 새우젓, 조기젓, 황석어젓 등을 많이 이용하고 간은 중간 정도이며 양념은 많이 사용하지 않아 소박하고 담백한 맛이 특징이다. 배추와 무를 주재료로 담글 때 삭힌 풋고추, 미나리, 청각 등을 부재료로 사용한다. 찌개용으로 늙은 호박과 꽃게를 넣어 게국지라는 김치를 담그기도 한다. 그 외 나박김치, 가지김치, 열무, 시금치김치, 박김치, 새우젓깍두기, 갓김치, 총각무, 동치미 등이 있다.
전라도	바다와 함께 갯벌과 너른 평야가 있어 해산물과 곡물, 산채 등이 풍부하고, 다른 지방에 비해 기온이 높으므로 젓갈을 많이 넣어 간이 세고, 고춧가루를 많이 넣어 매콤하고 통깨, 재핏가루 등의 양념류를 많이 사용하여 진하고 깊은 맛이 난다. 젓갈류로는 조기젓, 밴댕이젓, 병어젓 등을 쓰지만 멸치젓을 가장 많이 사용하여 김치색이 검붉은색이 난다. 소금에 절여 쓴맛을 빼서 담근 고들빼기김치나, 여수 돌산갓으로 담근 갓김치, 고구마줄기김치, 우엉김치, 멸치액젓으로 담근 부추김치 등이 유명하다.
경상도	간이 세고 고춧가루와 마늘을 많이 사용한 매콤한 김치가 특색이나 젓갈은 멸치젓을 달여 국물만 쓰거나 갈치속젓 등을 넣고 생강은 적게 사용한다. 동해안 지역에서는 꽁치젓갈을 쓰기도 한다. 부추김치와 우엉김치, 콩잎김치, 깻잎김치, 미나리김치, 고들빼기김치, 무말랭이김치 등이 있다. 무말랭이에 고춧잎이나 배추속대 등을 넣어 장아찌처럼 담은 골곰짠지라는 김치도 있다. 무를 어슷 썰어 깍두기처럼 버무린 비지미도 있다.

제주도	남쪽에 위치하여 날씨가 따뜻해서 겨울에도 싱싱한 채소를 구할 수 있어 김장은 많이 하지 않는다. 해산물이 풍부하여 김치에 해물을 넣고 국물을 넉넉히 부어 담그는 김치가 유명하다. 물김치에 전복을 큼지막하게 썰어 넣은 전복김치가 있고 재래종 배추의 꽃봉오리로 담그는 동지김치 등이 유명하다.
황해도, 평안도	짜지도 싱겁지도 않고 국물을 넉넉히 하여 시원한 맛을 즐긴다. 젓갈은 까나리젓, 새우젓, 조기젓 등을 사용하고 고수나 분디와 같은 향채를 사용하여 독특한 맛을 내기도 한다. 김칫국물이 많고 시원한 탓에 국수를 말아 시원하게 먹는 풍습이 있다. 찌개를 끓이기 위해 늙은 호박에 무청과 배추우거지를 넣어 담근 호박지가 대표적이다. 동치미, 고수김치, 보쌈김치 등이 있다.
함경도	함경도는 우리나라 최북단지역으로 날씨가 추워서 김치가 쉽게 익지 않기 때문에 심심하게 간을 맞추고 국물을 넉넉하게 부어 시원한 맛을 즐기는 것이 특징이다. 또한 바다에 접해 있어 해산물이 풍부하여 김치에도 젓갈 대신 생태나 생가자미를 썰어 고춧가루에 버무려 넣고, 소금 간을 심심하게 하면서도 고수, 마늘 등의 양념을 많이 넣거나 천초, 분려 등의 열매를 넣어 독특한 풍미가 나는 특징이 있다. 콩나물김치, 파김치, 동치미, 함경도 대구깍두기, 쑥갓김치 등이 있다.

6.2 계절에 따른 김치의 종류 및 특징

사계절이 뚜렷한 우리나라는 제철 식재료를 이용한 계절 김치가 다양하게 발달되어 왔다.

• 봄 김치

추위가 가시지 않고 채소가 자라지 않았으므로 전년도에 수확하여 움에 저장해 두었던 무를 이용한 나박김치, 햇깍두기, 숙깍두기 등이 있고, 이른 봄에 자라나는 봄동을 이용한 겉절이, 미나리, 돌나물, 쑥갓, 실파, 두릅, 씀바귀 등으로 담근 봄 김치가 있다. 절에서는 죽순을 이용하여 죽순물김치를 담가 먹기도 한다.

• 여름 김치

여름에 많이 나는 열무, 오이, 부추, 가지, 고추, 상추, 양파, 고수, 쑥갓, 양배추, 토마토 등을 이용하여 양념해서 바로 먹거나 하루나 이틀 만에 익혀서 먹었으며 겉절이로 바로 양념하여 먹기도 한다. 상추 끝물에 대공이 올라오면 김치를 담그는데 상추불뚝김치라 한다. 열무김치의 풋내를 없애기 위해 밀가루풀이나 감자를 삶아 으깨어 양념을 만들어 담그면 곡물이 첨가되어 발효를 촉진시킨다. 이 밖에도 가지, 박, 부추 등을 이용한 단기 숙성김치와 소금물을 끓여 부어 익히는 오이지가 있다.

• 가을 김치

무와 배추가 수확되면서 섞박지나 통배추김치가 대표적이다. 고들빼기, 갓, 콩잎, 동아, 고춧잎, 가지, 연근, 더덕 등을 이용한 별미김치를 담그기도 한다. 해안가에서는 파래김치나 굴을 넉넉히 넣은 무채김치를 한다. 고구마줄기의 겉껍질을 벗겨 고구마줄기김치나 우엉, 연근 등의 뿌리채소를 이용한 김치도 있다.

• 겨울 김치

김장준비의 시기로 통배추김치, 동치미, 총각김치, 깍두기 등을 담근다. 가을무는 밭에서 나는 인삼이라 할 만큼 영양도 좋고 맛이 좋아 김치를 많이 담그는데, 소금을 넉넉히 넣고 무짠지를 담가 다음해 여름까지 먹기도 하고, 무를 통째로 비늘모양으로 어슷 썬 뒤 소를 넣어 비늘김치를 담그기도 하고, 석류모양의 석류김치, 경상도에서는 불규칙하게 어슷 썰어 양념하여 비지미를 담그기도 한다.

7. 김치의 발효와 영양

7.1 김치의 발효

김치의 발효가 일어나는 과정에서 여러 미생물이 작용하여 젖산을 비롯한 유기산과 여러 유기물질이 생성되므로 단순발효가 아닌 복합발효로서 김치 특유의 맛과 향을 만들어낸다.

김치를 담가 숙성하다 보면 뽀글뽀글 기포가 올라오면서 시큼한 냄새와 함께 김치 익는 냄새가 나는데 이것은 김치 속에서 젖산발효가 일어나기 때문이다. 배추와 무, 마늘, 생강, 젓갈 등의 재료 속에 함유되어 있는 효소들이 작용하면서 당분이나 아미노산 등의 영양성분이 생성되고 또 다른 여러 미생물 중에 염분에 잘 견디는 젖산균이 영양분을 먹고 활발하게 활동하면서 기포가 생성되고 다양한 유기산들이 생성되면서 김치가 익는 것이다. 젖산균이 만들어낸 유산균으로 인해 pH가 낮아지면서 다른 미생물들은 죽고 젖산균들만 남게 된다. 이때 생겨난 유산균들은 혐기성 세균으로 공기를 싫어하기 때문에 김치를 꼭꼭 눌러 담아야 한다.

김치의 젖산균은 크게 두 가지로 나뉘는데 류코노스톡(*Leuconostoc*)속과 락토바실러스(*Lactobacillus*)속이다. 류코노스톡(*Leuconostoc*)속의 특징은 구형모양을 한 젖산균으로 김치의 초기 발효를 주도하며 덱스트란(Dextran)이라는 식이섬유를 생성하는데 이 식이섬유는 몸에서 소화 흡수되는 영양소는 아니지만 대장 속에서 대장균의 먹이가 되고 수분을 함유하므로 변비에 큰 도움이 된다.
락토바실러스(*Lactobacillus*)속은 길쭉한 막대 모양의 젖산균으로 김치의 신맛을 내고 숙성에 관여한다. 내산성이 강하고 내담즙성이 강한 균으로 소화 효소의 분비를 촉진한다.

김치발효는 함께 넣는 부재료에 따라서도 영향을 받는데, 젓갈이나 어패류는 자연상태에서는 부패가 일어나지만 김치에서는 젖산발효로 산도가 낮아 부패가 방지되고 아미노산으로 분해되어 김치의 맛을 좋게 한다. 김치에 색을 내는 대표적 양념인 고춧가루도 캡사이신(capsaicin)성분이 항산화제 역할을 하여 김치가 쉽게 무르지 않게 한다.

7.2 김치의 산패와 연부현상

김치의 발효과정에서 숙성기간이 지나쳐 유기산의 생성이 진행되어 식품으로 먹기 곤란한 시기가 되었을 때 이를 '산패(酸敗)'라 한다. 우리가 보통 김치가 시어졌다고 했을 때 일어나는 현상이다. 이와 다르게 잘 익은 김치나 익어가는 중, 혹은 다 익은 후에 김치가 물러지는 것을 볼 수 있는데 이러한 현상을 연부(軟腐)현상이라고 한다. 채소의 조직 내에 존재하는 펙틴질이 채소 속에 함유되어 있거나 미생물에 의해 생성된 폴리갈락투로나제라는 효소에 의해 분해되어 물러지는 현상이다. 김치의 산패로 많은 호기성세균이나 산막효모들이 연부현상을 일으키기도 한다. 우리가 오래되어 시어진

김치의 윗부분에 하얀 골마지가 끼고 김치가 물러지는 것이 산패와 연부현상이 같이 일어난 것이라 볼 수 있다. 이러한 것을 방지하기 위해 저온 숙성과 보관이 필요하고 숙성이 끝난 후에는 밀폐해 두는 게 좋다.

7.3 김치의 영양

잘 익은 김치가 영양상의 경쟁력을 갖는 것은 대표적으로 유기산 때문이다. 젖산은 우리 몸안에서 소화효소 분비를 촉진시키고 유해한 세균의 번식은 억제하며, 소화된 음식물이 잘 배설될 수 있도록 돕는다. 또 젖산균은 발암물질 생성을 억제하는 효과가 있고, 김치가 발효되는 과정에서 여러 가지 비타민 B군을 발생시켜 비타민 함량을 2배 이상 높여주는 효과가 있다. 또한 해로운 균을 죽일 뿐 아니라 몸안에 있는 회충의 알까지 죽여 옛날에는 구충제 역할까지 도맡았던, 그야말로 건강식품이었다.

주요 양념인 고춧가루의 캡사이신(capsaicin)과 마늘의 알리신(allicin) 등의 성분은 항산화, 항균, 항암, 콜레스테롤 저하, 동맥경화 억제, 체지방 분해의 작용을 한다. 결국 김치를 먹음으로써 미용 효과로서 노화가 방지되고 다이어트 효과가 있으며 면역력이 증강되는 효과가 있다. 또한 첨가된 젓갈과 각종 해물은 김치에 부족한 단백질을 제공하며, 발효과정에서 김치 재료의 성분을 변화시켜 김치의 맛을 내는 역할을 한다.

Chapter 4

젓갈

식품공전에 젓갈은 "어류, 갑각류, 연체동물, 극피류 등의 전체 또는 일부분을 주원료로 하여 이에 식염을 가하여 발효, 숙성한 것"이라 하고 액젓은 "젓갈을 여과하거나 분리하고 남은 것을 재발효 또는 숙성시킨 후 여과하거나 분리한 액을 혼합한 것"을 말한다. 어패류의 육·내장 및 알류 등에 소금을 넣어 자가 효소 및 미생물의 분해작용에 의해 깊은 맛이 나게 되는 것으로, 우리나라를 비롯한 동남아, 동북아시아 등 밥을 주식으로 하는 지역의 전통 수산발효식품이다. 우리나라에서는 주식인 밥과 함께 반찬으로 상에 올리기도 하지만 김치를 만들 때나 부식을 만들 때 부재료나 양념으로 많이 사용되어 장류와 비교하여 어장(魚醬)이라고도 하였다.

우리나라는 삼면이 바다로 둘러싸여 있고 어패류의 종류가 다양하고 풍부하여, 많이 잡히는 경우 보관을 위해 소금에 절였던 것이 점차 젓갈로 발전하게 되었을 것으로 추측된다. 특히 신석기 시대 유물 중에 강가나 바닷가에서 볼 수 있는 거대한 조개무지들이 발굴되는 것으로 보아 어패류를 주된 식량으로 하여 바닷물이나 소금으로 염장하여 젓갈로 만들어 먹었을 것으로 추정되고 있다.

1. 젓갈의 역사

우리나라의 젓갈에 관한 문헌을 살펴보면 『삼국사기』 신라본기(新羅本紀)에는 신문왕 3년(683)에 김흠운(金歆運)의 딸을 왕비로 맞이할 때, 납폐 품목으로 쌀 · 술 · 장 · 육포 등과 함께 젓갈을 가리키는 '해(醢)'가 기록되어 있다. 이보다 조금 앞선 500년대에 기록된 중국의 『제민요술(齊民要術)』에 한무제가 우리나라를 정벌하러 왔을 때 바닷가 어부의 집에 있는 항아리에서 좋은 냄새가 나는 어장(魚醬)이 있었다고 한다.

또한 중국 사람이 쓴 책인 『고려도경(高麗圖經)』에는 "세민(細民)이 바다에서 나는 식품을 많이 먹는다. 그 맛이 짜고 비린내가 나지만 오랫동안 먹으면 먹을 만하다"라고 기록되어 있어 젓갈이 고려시대에 주요 반찬이었던 것을 짐작할 수 있으며, 고려시대에는 바닷물고기나 민물고기뿐 아니라 전복, 홍합, 새우, 게 등의 다양한 종류로 젓갈을 담갔으며 물고기에 소금과 곡류를 혼합하여 발효시킨 식해(食醢)가 등장하게 된다.

조선시대는 젓갈이 가장 발달한 시기로, 16세기의 『미암일기(眉巖日記)』에는 젓갈과 식해 24종이 기록되어 있는데 해해(蟹醢, 게젓)가 가장 많이 나오고, 백하해(白蝦醢, 백하젓), 도화해(桃化醢, 가리마젓), 전복식해 등이 있다. 같은 시기에 나온 『쇄미록(瑣尾録)』에도 비슷한 내용이 기록되어 있다. 17~19세기에 편찬된 『음식디미방(飮食知味方)』에는 청어젓, 참새젓, 연어젓 등이 기록되어 있고, 『산림경제(山林經濟)』, 『증보산림경제(增補山林經濟)』 등의 문헌에 소개된 젓갈이 180종 이상으로 매우 다양한 종류의 젓갈을 먹었던 것을 알 수 있으며 젓국을 청장(淸醬)의 대용으로 사용했다고도 한다. 또한 조선 중기부터 많이 잡히기 시작한 명태, 조기, 청어, 멸치, 새우를 말리거나 젓갈로 만들어 전국에 널리 유통하였다.

조선시대의 농서와 조리서에 기록된 젓갈 담그는 방법에는 소금으로만 절인 염해법(鹽蟹法), 소금과 술에 기름과 천초 등을 섞어서 담근 주국어법(酒麴魚法), 소금과 누룩으로 담근 어육장법(魚肉醬法), 내장을 제거한 생선에 소금과 엿기름, 찹쌀밥 등을 섞어서 담근 식해법(食醢法)의 4가지가 기록되어 있으나 이 중 중국의 영향을 받아 만들어진 어육장법과 주국어법은 고려시대 이후 조선시대에 들어서면서 점차 사라지고 우리나라의 젓갈 제조법인 소금으로만 절인 지염해(漬鹽醢)와 곡류를 함께 넣어 발효시킨 식해(食醢)가 오늘날까지 전승되어 내려오고 있다.

조선시대 전기까지 젓갈은 주로 밥반찬으로 이용되었고, 김치에는 젓갈을 사용하지 않았다. 그러던 중 임진왜란을 전후하여 고추가 전래되면서 젓갈도 다양한 용도로 쓰이게 되어 양념용 젓갈과 반찬용 젓갈로 분류되었다. 특히 김치를 담글 때 고추와 함께 젓갈을 사용하게 되면서, 고추가 젓갈의 비린내를 감소시키고, 젓갈이 김치의 감칠맛과 저장성을 더욱 향상시켜 소금 대신 젓갈의 사용이 늘어나게 되었다.

2. 젓갈 담그기

젓갈은 주재료가 되는 어패류와 갑각류의 종류와 부위, 지역에 따라 만드는 방법이 조금씩 다르며, 저장기간은 3개월~수년이 될 수도 있다. 젓갈의 제조법은 크게 소금으로 만드는 젓갈, 소금과 고춧가루를 섞어 만드는 양념젓갈, 간장으로 만드는 젓갈 등으로 구분할 수 있다.

2.1 소금으로만 담그는 젓갈

어패류의 살, 내장, 알류 등에 20% 정도의 소금을 혼합하여 숙성시키는 방법으로 '염해법'이라고도 한다. 소금이 부패를 억제하는 동안 자체의 자가소화효소와 외부 미생물의 작용으로 어패류의 단백질이 아미노산으로 분해되며 숙성된다. 일반적으로 생선을 소금물에 씻어서 물기를 제거한 후에 소금을 균일하게 혼합하여 실온에 두고 숙성・발효시키는데, 이때 온도를 13~15℃로 서늘하게 유지하고 젓갈의 염도를 20~30%로 유지하는 것이 중요하다.

2.2 양념젓갈

어패류에 소금・고춧가루・마늘・파・생강 등의 양념을 넣어 만드는 젓갈로 원재료에 소금을 넣어 숙성·발효시킨 후 양념을 넣는 방법과 처음부터 소금과 양념을 함께 넣고 숙성시키는 방법이 있다. 주로 명태의 알인 명란과 내장인 창난, 대구 아가미, 오징어, 낙지, 조개 등으로 만든다.

2.3 젓갈 제조 시 주의사항

· 젓갈을 담글 때에는 모든 재료를 소금물로 씻어야 한다.
· 크기가 큰 생선은 내장은 빼고, 작은 생선은 통째로 담근다. 내장을 제거하지 않고 통으로 담그는 경우 내장부위에 있는 자가효소로 인해 발효와 숙성이 좀 더 빠르게 진행되기 때문이다.
· 젓갈을 담근 뒤에는 생선의 어체가 공기 중에 노출되지 않도록 무거운 돌로 눌러서 완전히 잠기도록 하고, 상부와 하부의 염도 차로 인해 변패되지 않도록 저어주는 것이 좋다.
· 젓갈은 밀봉하여 서늘하고 어두운 곳에서 숙성시키는 것이 좋으며, 숙성 중에 꺼낼 때에는 물기가 들어가지 않도록 한다.

2.4 숙성

일반적으로 대량생산하는 경우에 숙성은 상온에서 진행하는데 이때 온도를 13~15℃로 일정하게 유지하고 염도는 20~30%가 좋다. 소금함량이 높아 발효숙성 중 호염세균을 제외한 일반 세균의 성장이 억제되어 잡균이 번식하지 않은 상태에서 원료의 자가소화가 완숙기에 이를 때까지 계속 진행된다. 보통의 염해법이 20% 이상의 염도인 것과 다르게 알젓과 식해류는 10% 정도의 소금을 사용하여 젓갈보다 염도가 낮은 편이므로 1~2주에 숙성되고 1개월 이상 장기저장은 어렵다.

상온에서 2~3개월 숙성하면 생선의 형태가 온전하게 유지된 젓갈을 얻을 수 있으며, 6~12개월로 숙성기간을 연장하면 형태가 완전히 분해된 젓갈을 얻을 수 있는데, 이것을 갈아서 여과한 후 저온살균하면 액젓이 된다.

숙성과정에서 비린내가 감소하게 되는데 20%의 염도로 15~20℃에서는 2~3개월이 지나면 소멸되고, 20% 이상의 염도에서는 3개월 이상이 소요되며, 액젓으로 만들 때는 6개월 이상 숙성하여 육질이 완전히 분해될 때까지 기다린다.

3. 젓갈의 종류

• 식품공전상의 분류법

구분	내용
젓갈	어패류, 연체동물, 극피동물 등의 전체 혹은 일부에 소금을 넣어 발효 숙성시킨 것
양념젓갈	젓갈에 고춧가루, 파, 마늘 등의 조미료를 첨가한 것
액젓	젓갈을 여과 분리한 액
조미액젓	액젓을 희석하여 염수나 조미료 등을 첨가한 것
식해류	어패류, 연체동물, 극피동물 등의 전체 혹은 일부분을 주원료로 하여 이에 소금 및 곡류 등을 가하여 발효 숙성시킨 것

• 재료에 따른 종류

구분	내용
어류 (몸통, 살)	멸치젓, 황석어젓, 조기젓, 밴댕이젓, 가자미젓, 실치젓, 뱅어젓 등이 있다. 조기젓은 5~6월 잡은 것을 대강 씻은 후 비늘과 내장을 제거하고 소금을 켜켜이 뿌리고 조기 씻은 물을 체에 밭쳐 끓여 식혀 붓고 무거운 돌로 눌러 10월부터 먹기 시작한다. 또는 연평도에서 잡은 조기는 상자째 들어다 아가미에 소금을 넉넉히 채우고 서늘한 곳에 재워두었다가 여름이면 꺼내어 살을 발라 양념해서 밥반찬으로 먹기도 한다. 멸치젓의 경우도 봄부터 가을까지 멸치를 잡아 소금에 절여 젓갈을 담그는데 6개월 이상 숙성하여 그대로 사용하거나, 끓인 다음 걸러서 액젓을 사용하는데 끓이지 않고 거른 경우 생젓이라 한다. 주로 김치 담글 때 많이 사용하는데 남쪽 지방에서는 살이 토실한 멸치로 담가 머리를 떼어내고 살을 발라 양념해서 반찬으로 이용하기도 한다. 지역에 따라, 멸치의 어획시기나 방법에 따라서도 품질에 영향을 미친다.
어류 (내장, 생식소)	전라도의 갈치속젓, 전어내장으로 담근 돔베젓, 강원도의 명란젓, 창난젓 등이 있고 경상도에는 대구아가미젓, 충청도에는 민어아가미젓, 제주도의 전복내장으로 만든 게웃젓 등이 있으며, 성게의 생식기로 만드는 성게젓이 있다. 대부분의 젓갈은 소금을 뿌려 오랫동안 숙성해서 이용하는 반면 명란젓의 경우 10~20%의 소금을 뿌려 7~8일 정도 염지한 후 체에 밭쳐 물기를 빼고 고춧가루나 마늘 등의 양념류를 넣어 2~3주 숙성한 다음 반찬이나 음식에 이용한다.

갑각류	게, 새우, 성게 등이 많이 이용된다. 새우는 민물새우와 바다새우로 분류할 수 있는데, 담그는 시기에 따라 음력 오월에 담그는 오젓, 음력 유월에 담그는 육젓, 말복이 지난 음력 칠월에 담그는 자젓 등이 있다. 또 가을에 담그는 추젓, 음력 정월에 담그는 동백하젓, 겨울에 담그는 백하지젓, 아무 계절에나 담그는 잡새우젓 등이 있으며, 민물새우젓으로 담그는 전라도 지역의 토하젓이 있다.
조개류	주로 중부지방, 북부지방 해안지역의 간석지가 발달한 곳에서 많이 담그며 굴, 바지락, 모시조개, 꼬막, 홍합, 소라 등을 이용해서 담근다. 서해안 쪽은 어리굴젓이 유명한데 대부분 양념보다 밥반찬으로 이용한다. 이곳의 굴은 조수간만의 차로 크기는 작지만 육질이 단단하고 감칠맛이 있어 맛이 좋다고 한다. 굴을 바닷물에 씻어 소금을 뿌려 상온에서 2주 정도 지난 뒤 물기를 뺀 다음 고춧가루와 생강, 마늘 등으로 양념하여 열흘 정도 숙성해서 먹는다.
연체류	북부지역, 강원지역에서 가장 많이 담그는데 오징어젓과 꼴뚜기젓은 전 지역에서 고르게 담그고, 남부 일부 지역에서는 한치젓, 세발낙지젓을 담그기도 한다.

4. 젓갈의 영양

젓갈의 주요 영양성분은 원료나 제법에 따라 다르지만 조단백질 함량이 다른 영양성분에 비해 높다. 이는 높은 염분으로 인해 섭취량이 적기 때문으로 하루 식단에서 단백질 급원식품으로서의 역할은 작다고 할 수 있다. 그러나 단백질의 분해생성물질 중 유리아미노산은 향미성분으로 음식의 맛을 내는 데 중요한 역할을 한다. 그 외에도 명란젓에는 비타민 B_1, B_2 함량이 높고, 굴젓과 조개젓에는 B_{12}의 함량이 풍부하다.

Chapter 5

장아찌

장아찌는 한자로 장과(醬瓜)라고 하며 제철 채소를 소금이나 간장, 된장, 고추장 등에 절여 숙성시킨 저장식품이다. 사계절이 뚜렷한 기후적 배경과 지역적 · 풍토적 다양성은 우리 음식에서 저장식품을 발달시켰고 철 따라 나오는 여러 가지 채소를 적절한 저장법으로 갈무리하여 일상 식생활에서 부족함이 없도록 대비하였다.

그중에서도 채소류의 수분을 말려 소금이나 장에 담가 만드는데 새로 담근 장이 익으면 지난해 먹다 남은 장에 버무려 익혀서 저장하였다. 현대에는 식초를 함께 이용하여 염도가 낮은 장아찌를 많이 만들어 먹고 있다.

1. 장아찌의 유래와 역사

장아찌는 장을 뜻하는 '장아'와 소금에 절인 채소를 뜻하는 '디히'가 합쳐져 장에 담근 채소라는 뜻의 '장앳디히'라고 불리다가, '디히가', '디이', '지이', '지', '찌'로 변하여 장아찌로 불리게 되었다. '디히'는 중국의 저(菹)에서 유래된 글자로 『두시언해(杜時諺解)』(1481)에 처음 기록되었으며, 이것이 '지히'에서 '지'로 변화되어 오늘날 오이지, 짠지, 섞박지 등의 채소로 만든 저장음식을 가리키는 용어로 사용되고 있다.

장아찌에 대한 최초 기록으로 '저(菹)'라는 글자가 우리 문헌에 처음 기록된 것은 고려 중엽 이규보가 쓴 『동국이상국집(東國李相國集)』의 가포육영(家圃六詠)이라는 시로 "좋은 장을 얻어 무 재우니 여름에 좋고, 소금에 절여 겨울철을 대비한다"고 하며 청(菁, 순무)을 '지염(漬鹽)'하여 동지에 먹을 반찬으로 만든 과저(瓜菹, 외장아찌)와 청저(菁菹, 무장아찌)를 소개하고 있다.

조선 초기에 편찬된 농서인 『사시찬요초(四時纂要抄)』에 오이와 가지로 만든 장아찌와 『음식디미방』(1670)에 오이지로 만든 짠지에 대한 기록이 있다.

조선 중기의 『증보산림경제(增補山林經濟)』에 가지 · 동아 · 배추 · 오이 · 부추 · 무 등의 채소에 소금 · 식초 · 장 등을 넣어 만든 장아찌가 기록되어 있는데, 소금으로 만든 기존의 염장법 외에도 여러 가지 침장법이 상세히 기록되어 있어 장아찌의 절임방법이 다양해졌음을 알 수 있다.

조선 후기에 나온 『규합총서(閨閤叢書)』「주식의(酒食議)」에는 "가지, 오이, 동과 고추 등을 소금에 절여 콩과 보리로 만든 장에 장아찌를 담근다"고 기록되어 있고, 『임원경제지(林園經濟志)』「정조지(鼎俎志)」에는 "소금에 절인 장아찌 외에도 된장에 절인 장아찌, 채소에 소금 · 술지게미 · 향신료 등을 넣어 겨울 동안 저장하는 엄장채(掩藏菜), 소금과 쌀로 발효시킨 자채(蔗菜)" 등 다양한 형태의 장아찌들이 소개되어 있다.

『농가월령가(農家月令歌)』의 7월령에는 "채소 과일 흔할 적에 저축을 많이 하소. 박 · 호박고지 켜고 외 · 가지 짜게 절여 겨울에 먹어보소. 귀물이 아니 될까", 9월령에는 "타작점심 하오리라 황계 백숙 부족할까. 새우젓 계란찌개 상찬으로 차려놓고 배춧국 무나물에 고춧잎장아찌라. 큰 가마에 안친 밥이 태반이나 부족하다"라고 하여 장아찌 만들기가 부녀자들의 연례행사였으며, 장아찌가 입맛을 돋우는 밥반찬으로서의 역할을 충분히 하였음을 알 수 있다.

조선시대에 들어오면서 농업과 인쇄술의 발달에 따른 농서의 보급에 힘입어 채소 재배 기술이 향상되었고 장아찌의 재료는 더욱 다양해졌다. 또한 임진왜란 이후에 고추가 유입되어 김치의 부재료로 사용되고 다양한 젓갈도 김치에 사용되면서, 장아찌는 기존의 장아찌에서 고추와 젓갈을 사용한 김치로 분화되어 발전하기 시작하였다.

2. 장아찌 만들기

장아찌는 일반적으로 소금이나 식초를 이용하여 채소를 절이거나 물기를 말린 후에 고추장, 된장, 간장 등의 장에 채소를 담가 만든다. 수분이 많은 채소를 이용해서 만들기 때문에 담그기 전에 절이거나 말리는 작업을 하는데 이는 장기간 보관 시 곰팡이나 맛의 변질을 막기 위함이다. 수분함량이 적은 채소는 전처리를 하지 않고 그대로 장이나 식초에 담그기도 한다.

삼투압작용에 의해 채소의 수분은 밖으로 빠져 나오고 장의 성분은 안으로 스며들어 채소의 조직이 연해지고 효소와 유효 미생물에 의해 발효되어 장아찌가 된다. 또한 소금이나 식초의 농도가 높아 부패 세균의 생육이 억제되어 장기간 저장이 가능하고, 특히 식초를 이용하면 강한 살균력 때문에 소금의 농도가 낮아도 부패하지 않으며 새콤한 맛으로 인해 입맛을 돋우기도 한다.

수분이 많은 무나 오이는 소금에 절이고, 나물류는 끓는 물에 데치거나 소금에 절여 물기를 제거한 후 햇볕에 말렸다가 담근다. 고춧잎이나 깻잎과 같이 질기고 억센 것과 마늘이나 마늘종처럼 향이 강한 것은 소금물이나 식초물에 담가 삭혀서 매운맛과 향을 제거하고 부드럽게 하여 담근다.

장아찌는 한 가지 장으로만 담글 수도 있지만 소금물이나 간장 등에 삭혀서 된장이나 고추장 등에 담가서 만들 수도 있고, 된장에 넣었던 것을 고추장에 넣어 만드는 등 다양한 방법으로 만들 수 있어 한 가지 재료로도 다양한 장아찌를 만들 수 있다. 고염도의 장에 담가 숙성하였기 때문에 맛이 짜서 먹을 때 한끼 분량만큼 꺼내어 물에 씻어 짠맛을 제거하고 양념해서 먹는 것이 좋다.

장아찌 종류 중 채소를 조리거나 볶아 익혀 만든다 하여 '숙장과(熟醬瓜)'라고 불렀다. 또한 궁중에서는 갑자기 장아찌모양으로 만들었다 하여 '갑장아찌' 또는 '갑장과' 라고 하였다. 종류로는 오이, 무, 열무, 배추속대, 실파, 미나리 등으로 담그는데 대개는 쇠고기를 양념하여 같이 볶아서 무쳐 만든다. 오이는 속을 빼고 길게 썰어 소금에 절이고, 무는 간장에 절여 물기를 뺀 다음 쇠고기와 표고버섯을 채 썰어 양념하고 함께 볶아 깨소금과 참기름으로 무쳐서 만든다.

장아찌를 만들 때의 양념 역할을 정리한 내용이다.

- 소금 : 장아찌에서 소금은 주로 채소의 삼투압작용으로 인해 채소 세포액보다 높은 농도의 소금으로 탈수현상이 나타나게 된다. 소금은 간수가 빠진 것을 사용해야 쓴맛이 나지 않고 좋다.
- 식초 : 장기가 보관해야 하는 장아찌의 세균번식을 억제해 준다.
- 간장, 된장 : 간장과 된장의 메주에서 나오는 감칠맛 등으로 장아찌의 맛을 좋게 하고 간장의 염도로 인해 오래 보관할 수 있게 한다.
- 고추장 : 엿기름의 당화에 의한 단맛은 장아찌의 맛을 좋게 하고 고추장의 캡사이신은 방부효과가 있어 장아찌를 오래 보관할 수 있게 한다.

소금, 식초, 간장, 된장, 고추장, 젓갈을 이용해 담그는 방법은 다음과 같다.

소금	장아찌에서 소금은 주로 채소의 삼투압 작용으로 인해 채소 세포액보다 높은 농도의 소금으로 탈수현상이 나타나게 된다. 소금은 간수가 빠진 것을 사용해야 쓴맛이 나지 않고 좋다. 재료를 소금으로 삭힌 후에 잘라서 그냥 먹거나 물에 우려내고 갖은양념하여 먹는다. 종류로는 오이지, 오이장아찌, 골곰짠지 등이 있다.
식초	신맛을 내며 오랫동안 보관해야 하는 장아찌의 세균번식을 억제한다. 식초에 물, 설탕, 소금, 간장 등을 섞어 만든 절임액을 부어 만든다. 마늘과 같이 향이 강하거나 매운 것은 식초에 절여 매운맛이 우러나면 다시 식초와 설탕, 소금 등을 타서 담그거나 간장을 넣어 장아찌를 만들기도 한다. 오이장아찌를 만들 때는 절임액이 뜨거울 때 부어야 아삭거리고 무르지 않는다.
간장	가장 많이 만드는 것으로는 간장에 식초, 설탕, 생강, 마늘, 건고추, 물엿 등을 넣고 끓인 양념장을 식힌 후에 붓는 것으로 한번 담근 것을 며칠 지난 후에 양념장을 따라내고 끓여 식혀 붓는 과정을 2~3회 반복해서 보관해야 하는데 이는 채소의 수분으로 인하여 변질되기 때문이다. 재료가 양념장에 잠겨 있지 않으면 하얀 곰팡이가 피어 상하게 되므로 양념장을 부은 후에 무거운 것을 올려 국물에 재료가 잠기도록 하는 것이 좋다. 짠맛을 줄이기 위해서는 다시마 등으로 육수를 만들어 사용하면 맛도 좋아지고 짠맛도 줄일 수 있다. 간장 장아찌로는 고추, 무, 김, 마늘, 깻잎, 무청 등 대부분의 채소류를 이용해 담글 수 있다. 장아찌를 먹고 남은 장은 볶음이나 조림에 이용해도 좋다.
된장, 고추장	된장은 메주에서 나오는 감칠맛 등으로 장아찌의 맛을 좋게 하고, 고추장의 경우 당화에 의한 단맛과 고추의 매운맛이 장아찌의 맛을 좋게 하며, 캡사이신은 방부효과가 있어 장아찌를 오래 보관할 수 있게 한다. 채소를 꾸덕꾸덕하게 말려 된장이나 고추장에 묻어두어 만드는 방법으로 채소와 장이 섞이지 않도록 채소를 망사주머니나 베주머니에 넣어 장에 박으면 좋다. 오랫동안 장에 박아서 만든 장아찌는 간이 배어 짤 수 있으므로 먹기 전에 장을 훑어내거나 씻어서 짠맛을 어느 정도 제거한 다음 먹기 좋은 크기로 썰어 파 · 마늘 · 참기름 · 고춧가루 · 깨소금 등의 양념에 무쳐서 낸다. 장아찌를 박았던 된장이나 고추장은 채소에서 수분이 빠져 나와 빛깔도 흐리고 묽어지며 맛이 변해 상하기 쉽기 때문에 새 된장과 고추장을 사용한다. 고추장은 묵은 고추장을 사용하기도 한다. 동아, 매실, 고추, 마른오징어, 호박, 북어, 굴비장아찌 등이 있다.
젓갈	해안가 사람들은 해산물이 풍부하여 젓갈로 장아찌를 많이 담그는데, 젓갈장아찌는 비린내가 조금 나지만 감칠맛이 있어 입맛을 돋워준다. 고들빼기나 깻잎, 콩잎 등을 젓갈이나 젓국에 담가 삭힌다.

3. 장아찌의 종류

• 지역에 따른 장아찌

우리나라는 각 지역별로 제철에 생산되는 재료들을 가지고 다양한 종류의 장아찌를 만들어 먹었는데, 그 종류는 약 200여 종에 달한다. 같은 재료라고 할지라도 지역에 따라 장아찌를 만드는 방법이 다른데, 평안도 · 황해도와 같은 북쪽 지방은 무 · 호박 · 고추 등을 날것으로 쓰는 반면에 경기도나 충청도와 같은 중부지방은 동치미로 담갔던 무를 건져 물기를 말려 장아찌로 만든다.

또한 각 지역에서 생산되는 제철 재료들로 다양한 장아찌를 만드는데, 전라도와 경상도는 떫은 풋감으로 고추장장아찌를 담그고, 콩잎을 삭혀 장아찌를 만들기도 한다. 강원도와 같이 산지가 많은 곳에서는 당귀의 연한 줄기를 골라 고추장장아찌로 담근다. 이외에도 전라도 무안의 양파, 담양의 죽순, 영광의 굴비, 순천의 고들빼기와 같은 지역 특산물로 장아찌를 담근다.

• 재료에 따른 장아찌

장아찌의 종류는 담그는 재료에 따라 채소를 이용한 장아찌, 열매나 견과류를 이용한 것, 해초와 어류를 이용한 것, 육류와 기타 재료를 이용한 것으로 나뉠 수도 있다.

마늘	마늘이 처음 나와서 연할 때 식초물에 담가 매운맛을 빼고 간장과 설탕을 넣고 절인다. 그러면 새콤하면서 달고 짭짤하며 빛이 검붉은 마늘장아찌가 된다. 간장 대신 소금에 담가 만들면 희고 깨끗한 마늘장아찌가 된다. 가로로 썰면 단면이 꽃과 같이 예쁘고 또 마늘을 빼어 먹으면 사각거리는 것이 별미이다. 마늘에서 물기가 나와 간장이나 소금물이 흐려지므로 서너 번 정도는 그 물을 따라내어 끓여서 식혀 부어야 오래 두고 먹을 수 있다. 연한 마늘종도 식초물을 부어 삭혀서 고추장에 박거나 간장에 담가 먹는다.
고추	여름의 풋고추장아찌는 된장이나 간장으로 절임장을 만들어 버무려 담고, 가을걷이 후 끝물 고추로는 소금물에 삭혔다가 물기를 빼고 달인 절임장물을 부어 만드는데 오이지나 무짠지 남은 것을 살짝 말려 넣는다. 또는 진간장을 부어 삭혔다가 무말랭이나 고춧잎을 같이 넣고 양념해서 만든다.
가지	일반적으로 많이 쓰는 방법은 고추장 또는 된장에 박아서 만드는 방법으로 채소를 소들소들하게 말려서 쓴다. 이렇게 하면 고추장이나 된장에 여분의 물기를 주지 않는다. 꺼내어 먹을 때에는 고추장을 훑어내고 썰어서 설탕과 참기름을 넣고 무친다.
두부	두부를 배주머니에 담아 물기를 빼고 고추장이나 된장에 박아 만드는데 3개월 이상 숙성하면 부드러운 질감의 두부장아찌를 만들 수 있다. 또는 두부를 적당한 크기로 잘라 간장에 담가 만들기도 한다.
무	무를 소금에 절여 무짠지를 만들어 먹기도 하고 무짠지를 썰어 간장, 된장, 고추장 등에 넣어 만들기도 한다. 된장에 박은 무를 꺼내 먹을 때 날된장 냄새가 나므로 적당히 썰어서 한 번 찐 다음에 참기름과 설탕을 넣고 양념해서 먹는다.
더덕 · 도라지	더덕이나 도라지는 껍질을 벗겨 소금물에 잠시 우렸다가 방망이로 자근자근 두들겨서 편 뒤 물기를 말린 다음 망사에 싸서 고추장에 박는다. 또는 손질한 더덕과 도라지를 소금물에 담갔다 살짝 말린 후 간장에 담갔다 꺼내 쪄서 말리기를 반복하여 만들기도 한다.
오이	오이를 소금에 절였다가 꼭 눌러서 물기를 빼고 다시 살짝 말려서 고추장에 박는다. 무 · 가지 · 마늘종 등도 같은 방법으로 만든다. 무와 마늘종은 된장에 박기도 한다. 그러나 된장보다 고추장에 박는 것이 빛깔도 곱고 맛도 좋아 많이 하는 방법이다.
굴비	조기를 소금에 절여 말린 후 고추장에 넣어 만든다.
전복	전복은 마른 전복을 불리거나 생전복을 데쳐서 얇게 저며 썰어 간장과 설탕을 넣고 저민 소고기와 함께 조린다.

• 계절별 장아찌 종류

봄	봄에는 주로 봄에 나는 어린잎을 이용하여 장아찌를 담갔는데 종류로는 풋마늘장아찌, 마늘종장아찌, 곰취장아찌, 죽순장아찌, 원추리장아찌, 참죽장아찌, 마늘장아찌, 명이장아찌, 씀바귀장아찌, 두릅장아찌, 머위장아찌 등이다.
여름	여러 가지 재료가 다양한 계절이라, 다양한 장아찌가 있다. 종류로는 풋고추장아찌, 오이장아찌, 깻잎장아찌, 매실장아찌, 애호박장아찌, 감장아찌, 노각장아찌, 차조기장아찌, 오이지, 고구마순장아찌, 수박껍질장아찌 등이다.
가을	가을에는 주로 억센 잎을 소금에 삭혀 만든 장아찌 종류들이 많으며 종류로는 산초장아찌, 가지장아찌, 토란대장아찌, 참외장아찌, 토마토장아찌, 재핏잎장아찌, 방아잎장아찌, 송이장아찌, 고춧잎장아찌, 콩잎장아찌, 동아장아찌, 더덕장아찌, 도라지장아찌 등이다.
겨울	겨울에는 김장철을 지나 김장 재료를 이용하여 장아찌를 주로 담갔다. 다시마장아찌, 호두장아찌, 파래장아찌, 무청장아찌, 배춧잎장아찌, 무말랭이장아찌, 버섯장아찌, 굴비장아찌, 묵장아찌, 우무장아찌, 동치미무장아찌, 황태장아찌, 두부장아찌, 김장아찌, 미역귀장아찌, 밤장아찌, 머위꽃장아찌 등이다.

Chapter 6

식해(食醢)·식혜(食醯)

1. 식해(食醢)

식해(食醢)는 젓갈의 한 종류로 내장을 제거한 생선에 소금과 곡물류를 넣어 어류의 단백질 분해와 젖산발효를 이용한 식품으로 소금만 넣어 담근 젓갈과 달리 곡류를 추가했다는 특징이 있다. '저장음식의 화석'이라 불릴 만큼 역사가 오래되었는데 바다에서 먼 산간지방에서 생선류를 보관하는 방법으로 발달된 것으로 쌀과 생선류가 많이 생산되는 동남아시아 쪽에서 시작된 것으로 보인다. 식해에 대한 기록은 2세기 초 중국의 설문해자에 "지(鮨)는 생선 젓갈이고, 자(鮓)는 생선의 또 다른 저장형태인 식해이다. 이것은 외래어이다"라고 기록되어 있다. 송나라 때 식해가 가장 많이 발달하였는데 은어, 잉어, 해파리, 거위, 참새 등을 이용하였다.

우리나라에서는 예전부터 먹어왔으리라 짐작하지만 기록으로는 조선 초기 1400년대 『산가요록(山家要錄)』에서 '어해(魚醢)'라고 하여 물고기에 소금을 뿌려 하룻밤 절인 후 씻어 말린 다음 멥쌀로 밥을 지어 항아리에 밥과 말린 생선을 켜켜이 넣고 상수리 나뭇잎이나 대나무껍질을 덮은 뒤 소금물을 부어 익혀서 만든다고 하였다. 1500년대 『수운잡방(需雲雜方)』에도 '어식해'에 대한 기록이 나오며, 이후 『규합총서』에 '연안

식해'에 대해 기록되었는데, 대합을 손질하여 약간 말린 다음 밥과 엿기름가루, 천초를 넣어 담근다고 하였다. 식해가 처음 만들어졌을 때는 생선에 소금과 곡류만을 섞어 만드는 형태였다가 점차 향신료를 부재료로 첨가하여 맛과 향을 발전시켜 나갔음을 알 수 있다.

현재 식해에 쓰이는 생선류는 명태 · 가자미 · 고등어 · 도루묵 · 멸치 등으로 다양하며, 일부 산간지방에서는 생선 말린 것으로 식해를 담그기도 한다.
식해에 사용되는 곡류로는 쌀밥 · 찰밥 · 차조밥 · 메조밥 등이 사용되며, 만드는 방법은 생선류의 내장과 머리 등을 제거하고 10% 내외의 소금에 하룻밤 절여 꾸덕하게 말린 후 조밥, 무, 엿기름, 고춧가루, 마늘과 혼합하여 실온에서 2~3주 발효시킨다. 젓갈의 경우 보관기간이 오래되지만 식해의 경우 2주 정도가 적당하다.

현재는 함경도, 강원도, 경상도 등의 동해안에 인접한 곳의 식해가 유명하다. 특히 함경도 가자미식해가 유명한데 12월부터 3월 초 무렵에 나는 참가자미를 주로 이용하고 도루묵이나 북어를 사용하기도 하며 꼭 조밥을 지어 사용한다. 강원도에서는 명태 아가미를 이용한 아가미식해가 유명하고, 황해도에는 조갯살을 이용한 연안식해, 경상도에서는 북어식해를 담그기도 한다.

한중일의 식해의 발전은 다양하게 변화하였는데 우리나라의 경우 생선류에 곡류와 엿기름, 파, 마늘, 생강 등의 향신채를 넣어 다양하게 발전하였다. 중국은 생선과 곡류를 넣고 누룩을 발효제로 사용하여 다양한 형태로 발전하였고, 일본에서는 밥의 양이 점차 많아지다가 점차 초밥으로 발전하였는데, 19세기부터 밥에 단촛물을 넣어 섞은 후 생선회를 올려서 먹는 지금의 형태로 발전하였다.

• 식해의 종류

가자미식해	함경도지방의 향토음식으로 동해안의 노랑가자미(참가자미)와 좁쌀을 이용한 저장식품이다. 가자미와 조밥 · 소금 · 고춧가루 · 무채 이외에 엿기름을 넣어 조밥의 전분이 당화되어 짭짤하고 매콤하면서 달큰하고 새콤한 맛이 나는 것이 특징이다. 연변지역에서는 참가자미 대신 명태로 만들기도 하는데 식해라는 말 대신 '명태반찬'이라고도 한다.
서거리식해	강원도의 향토음식으로 명태 아가미(서거리)에 조밥, 무, 고춧가루, 소금, 갖은양념을 섞고 엿기름을 넣어 삭힌 음식으로 '아가미식해'라고도 불린다. 잘 삭은 서거리식해는 조밥과 명태 아가미가 흐물거리면서 부드러워져 겨울철에 입맛을 살려주는 반찬이 된다.
연안식해	황해도의 향토음식으로 조갯살과 곡식을 발효하여 톡 쏘는 맛이 특징이다. 연안식해는 생 조갯살, 고두밥, 씨를 제거한 대추, 잣, 엿기름, 고춧가루를 고루 섞어 항아리에 담고 밀봉하였다가 4~5일 후에 조개가 삭아서 묽어지면 먹는다.
마른 고기식해	경상도지방의 향토음식으로, 마른오징어나 토막 친 명태에 소금, 조밥, 고춧가루, 무를 넣고 버무려 삭힌 음식으로 가자미식해와는 다르게 엿기름을 넣지 않고 삭힌다. 20℃ 정도의 상온에 2~3주가량 숙성시킨 후에 먹는다.
북어 식해	경상도지방의 향토음식으로 북어를 두들겨 소금물에 담가 하룻밤 정도 불리고, 무는 소금에 절이고, 좁쌀로 밥을 지어 한데 섞어 엿기름, 고춧가루, 파, 마늘, 생강 등으로 양념하여 3~4일간 따뜻한 곳에 두어 익혀서 만든다.

2. 식혜(食醯)

젓갈류의 식해와 달리 마시는 음료로서 곡류를 엿기름으로 당화시켜 만든 음료를 식혜라 한다. 보리의 싹을 틔워 만든 엿기름에는 당화효소가 있어 곡류의 전분을 단당류나 이당류로 분해하여 단맛과 향이 만들어진다. 일반적으로 곡류로는 멥쌀이나 찹쌀을 이용하지만 최근에는 호박, 수수, 녹차, 고추 등의 다른 부재료를 사용하여 다양한 색과 맛의 식혜들이 만들어지고 있다.

식혜에 대한 기록은 1800년대 후반『시의전서』,『조선요리』,『조선요리제법』,『조선무쌍신식요리제법』 등에 기록되어 있다. 경상도 지역에서는 단술・감주(甘酒)라고도 한다. 문헌상으로는 1740년경에 편찬된『수문사설』에 처음으로 나오며, 1800년대의『규곤요람』,『시의전서』 등에도 식혜 제조법이 나온다.『조선요리』,『조선요리제법』,『조선무쌍신식요리제법』에도 소개되어 있다.

『수문사설』에 의하면 밥을 찔 때 윗부분이 덜 익는 것을 방지하기 위하여 위에 솥뚜껑을 뒤집어 놓고 그 위에 숯불을 많이 피워서 시루 윗부분의 쌀을 익혔다는 기록이 있으며,『시의전서』에는 밀로 만든 엿기름이 더 좋은 것이라는 기록이 있다. 또한 식혜에 유자, 밀감, 석류 등을 썰어 넣기도 하였으며. 대추, 밤, 잣, 배 등을 적당히 넣으면 맛이 더 시원하고 달다고 하였는데 오래 보관할 경우 쉽게 변질된다고 하였다.
식해(食醢)에서 매운 양념과 비린 어육(魚肉)을 제거하고 밥과 엿기름만으로 달콤하고 걸쭉하게 국물을 만든 것이 식혜라는 설도 있다.
지역마다 차이가 있어 먹을 때 전남, 경남 지역에서는 밥알을 넣은 뒤 잣을 띄워내고, 전남 지역에서는 찹쌀밥을 넣기도 하며, 밥과 누룩가루를 잘 혼합하여 발효시키기도 한다.

1952년에 방신영이 지은『우리나라 음식 만드는 법』에는 "식혜는 찹쌀로 하는 것보다 멥쌀로 하는 것이 더 부드럽다"고 기록되어 있으며, 1939년『조선요리법』이후부터는 꿀 대신 설탕을 감미료로 사용하였다.

식혜는 엿기름의 품질에 의해 식혜의 맛이 좌우되는데, 엿기름은 보리에 수분을 흡수시킨 다음 적당한 온도에서 발아시킴으로써 당화효소인 α, β-amylase가 최대한 많이 생산되도록 한 것이다. 옛 문헌에도 "가을보리는 이삼월이나 구시월에 만들어 말려 두고, 봄보리나 밀로도 싹을 내어 쓰기도 하지만 가을보리만 못하다. 엿기름은 좁쌀로 만들어도 달다"라는 기록이 남아 있다. 엿기름 만드는 법은 겉보리를 콩나물 키우듯 시루에 담아 물을 뿌려가며 싹을 틔우는데 싹이 1~2cm 정도 자랐을 때 넓게 펴서 덩어리지지 않게 풀어가며 말린다. 품질 좋은 엿기름은 겨울에 얼렸다 녹히기를 반복하며 건조해서 만든 것이 당화력이 좋다.

좋은 엿기름은 당화력이 좋으며 보리싹이 싱싱한 초록색이며, 말려서 갈아 놓으면 뽀얀 우윳빛이 나며 보리향이 구수하게 나는 것이 좋다. 보리의 싹을 틔워 만든 맥아(麥芽)는 성질이 따뜻하고, 맛이 달며, 소화불량, 복부 창만, 식욕부진, 구토, 설사를 치료하는 효능이 있어 맥아로 만든 식혜는 소화에 좋은식품이다.

식혜를 감주라고 부르기도 하지만 제조방법에 따라 구분하기도 하는데, 식혜는 밥알이 삭아서 떠오르면 밥알을 건져내고 끓여 차게 식힌 다음 밥알을 띄워 먹는 것이고, 감주는 밥알이 모두 삭아 색이 노르스름하게 바뀌면 밥알을 건지지 않고 그대로 끓여서 단맛을 진하게 하여 먹는 것을 말하기도 한다.

또한 단맛이 나는 일반 식혜와 달리 붉은색의 물김치처럼 보이는 안동식혜는 고춧가루와 무, 엿기름으로 저온 발효하여 산뜻하면서도 맵고 단맛을 내는 특징이 있다. 엿기름과 무의 디아스타아제 효소로 식후 소화제 또는 숙취 해소제로 좋다.
경상도 안동지방의 향토음식인 안동식혜는 엿기름을 물에 불려 체에 밭친 후 가라앉혀 위에 맑은 물을 준비하고, 찹쌀은 불려 찌고, 무는 작게 나박썰기하고, 생강은 곱게 채 썰어 찹쌀이 따뜻할 때 한데 섞은 후 고춧가루물을 들이고 용기에 담아 따뜻한 곳에서 하룻밤 정도 삭혀서 만든다.

• 식혜의 종류

안동식혜	경상도 안동지방의 향토음식으로 안동식혜가 있는데 이는 보통 식혜와 아주 다르다. 찹쌀과 잘게 썬 무, 생강을 곱게 채쳐서 엿기름 내린 물을 섞어서 버무리고, 고춧가루를 고운 헝겊에 싸서 고춧물을 들인다. 이를 오지항아리에 담아 삭히는데 밥알이 삭으면서 생긴 단맛과 고춧가루의 매운맛이 어울려 맵싸하면서 화한 맛이 난다. 먹을 때 채 썬 배와 잣을 띄워내며, 이 식혜를 마시면 속이 시원하게 뚫리는 듯한 기분이 들고 기침과 감기에 즉효가 있다고 한다.
연엽식혜	강원도 향토음식으로 연잎에 찰밥과 엿기름을 넣고 삭혀낸 식혜로 연엽주(蓮葉酒)라고도 하나 술보다는 감주에 가깝다.
호박식혜	경기도의 전통 음청류로 찐 찹쌀에 엿기름물과 호박 삶은 것을 넣고 삭혀낸 식혜이다. 호박은 예로부터 구황식품으로 널리 먹어왔으며 칼로리가 낮고 노폐물 배출과 이뇨작용을 도우며 지방의 축적을 막아주기 때문에 다이어트에 좋으며, 호박의 베타카로틴은 암세포의 증식을 늦추는 등의 항암효과가 있다.

Chapter 7

전통주

1. 전통주의 정의와 역사

술이란 알코올 성분이 1% 이상 함유되어 있는 것이라 정의하는데 이때 알코올은 에틸알코올(ethylalcohol), 에탄올(ethanol)을 말한다. '술의 역사는 곧 인류의 역사'라고 할 만큼 가공음료 중에서 가장 오래된 것으로 오랜 옛날부터 자연 발생적으로 미생물에 의해 발효된 술을 우연히 마시게 되면서 술의 역사가 시작된 것으로 보인다.

술은 오랜 역사와 더불어 수많은 발효방법이 개발되어 각 민족마다 독특한 양조법이 제조되었다. 우리나라에서도 전래된 주류문화의 흐름은 일찍이 발전하였다.
우리나라에서는 예전부터 누룩을 만들어 곡류와 섞어 발효해서 만든 다양한 종류의 술들이 각 지역마다 전해 내려오고 있어 이것을 전통주라 칭한다.

술의 어원은 밝혀진 것이 없으나 첫 번째는 술이 목을 술술 넘어간다는 뜻에 술이라고 지었다는 설이 있다. 두 번째는 쌀을 익혀 약간의 물을 넣고 누룩과 버무려 발효시키면 기포가 생기면서 부글부글 끓어오르는데 이것을 보고 물에서 불이 붙는다 생각하여 '수불'이라 하였다가 '수을'에서 지금의 '술'이 되었다는 설이 있는데 후자로 보는 견해가 많다.

1.1 고대 및 삼국 시대

고대 구석기 시대에는 과실과 벌꿀 등으로 발효해서 만들어지는 술을 최초로 먹기 시작하여 신석기 시대에는 농경과 목축의 시작으로 조, 피, 수수 등을 이용한 곡주를 제조하기 시작하였다. 청동기 시대에 이르러 벼농사와 함께 쌀과 누룩을 이용한 술의 제조가 가능해졌다. 상고시대 우리 술에 대한 최초의 기록은 고구려의『고삼국사기(古三國史記)』「대무신왕편」에 나온다. 고구려를 세운 주몽(동명성왕)의 건국담에서 천제의 아들 해모수가 하백의 세 딸을 유인하려 미리 준비해 둔 술을 먹여 취하게 했다는 기록이 있으며, 삼국시대 이전에 삼한과 고구려에서 하늘에 제사를 올릴 때 밤낮으로 마시고 춤을 추었다는 기록이 있다. 일본의『고사기(古事記)』에는 백제의 누룩과 술 빚는 법이 일본에 전해졌다는 기록으로 백제의 술 빚는 기술이 발달했음을 알 수 있다. 신라시대에는 중국 사신으로 가서 본 것들을 기록 편찬한『지봉유설』에 시인들의 신라주에 대한 언급을 통해 신라주의 인기를 짐작할 수 있으며, 삼국시대에 술 제조법이 다양하게 발달하였음을 알 수 있다.

1.2 고려시대

고려시대로 내려오면서 구체적으로 술의 종류가 나타나는데 술이 다양해지고 담그는 법도 개발되었다.『고려도경』이나『동국이상국집』등의 기록을 살펴보면 탁주와 청주, 막걸리 등이 기록되어 있다. 이 밖에 원나라를 통해 서양의 포도주와 마유주 등이 유입되었고 증류하여 만드는 소주 제조법이 유입되어 지금까지 전해지고 있다. 우리나라의 증류주는 원나라가 일본을 원정할 때 한반도에 진출하여 개성을 거쳐 그들의 병참기지로 삼았던 안동과 제주도에 전해져 지금도 개성과 안동, 제주의 소주가 유명하다.

1.3 조선시대

조선시대에는 전통주가 가장 성장한 시기로 발효 원료를 나누어서 술을 담그는 중양주류가 발달하였다. 또 술의 원재료 면에서 멥쌀보다는 찹쌀 위주로 사용하였고 양조기법도 발달하여 조선시대 유명한 술은 무려 300여 가지에 이르며 중양법으로 빚은

술로 백로주, 삼해주, 이화주, 청감주, 부의주, 향온주, 하향주, 춘주, 국화주, 백자주, 호두주 등의 고급술들이 나타났다.

또한 누룩을 이용한 방법이 일반화되면서 여러 가지 양조와 관련한 전문용어들이 나타난다. 일례로 밑술(酒母)은 『증보산림경제』에서는 "목"이라 하고 『음식디미방』 및 『주방문』에서는 "밑술" 또는 "석임"이라 하며 『술 만드는 법』에서는 "술밑"이라고 표기했음을 읽을 수 있다.

조선 중기부터 후기에 이르기까지 우리 술의 전성기를 이루었는데, 조선 후기에 가장 대표적인 양조기법으로는 혼양주 기법이 있다. 대표적인 과하주는 발효주와 고려시대에 발달한 증류주가 혼합되어 도수는 높고 보관도 오래할 수 있는 술로, 이는 포르투갈의 포트와인같이 독창성을 가진 술들이 만들어졌다.

조선시대 술과 관련 있는 문헌으로 『음식디미방』, 『증보산림경제』, 『주방문』, 『규합총서』 등이 있는데 술 이름과 만드는 방법, 누룩 만드는 법과 만드는 날, 신 술 고치는 법 등 양조에 대한 많은 내용이 실려 있다.

1.4 일제 강점기 및 근대 시대

일제 강점기 때 우리 가양주 문화를 말살하고자 1907~1909년에 '주세법'을 제정하고 시행하여 세금을 징수하기 시작하였다. 이에 따라 가양주 문화가 끊기는 계기가 되고 이후 양조 면허를 받은 양조장에서만 산업적인 술 빚기를 허락하였다.

근대시대 접어들어 양곡관리법을 시행하면서 쌀로 술 빚는 것을 금지하여 밀가루, 옥수수, 고구마, 당밀을 섞어 술을 빚었다. 이에 따라 다양한 술들이 사라지고 일본식 청주, 맥주, 양주 등 외국술이 많이 들어왔으며 상류계층에서 청주 등 외국술들을 즐겨 하고 전통주는 명맥만 유지하게 되었다.

1.5 현대시대

현대에 와서 쌀 자급력이 높아지면서 쌀을 이용한 전통방식의 양조기술이 개발되고, 주세법의 완화와 정부의 전통주 부흥정책에 힘입어 각 지방마다 다양한 양조장이 생겨나고 이에 다양한 가양주문화가 서서히 자리 잡고 있다.

2. 전통주의 분류

2.1 만드는 방법에 따라

- 단양주 : 한번 담금으로 술이 완성되는 술을 단양주라 한다. 고두밥에 물과 누룩을 넣고 버무려 항아리에 담아 온도에 따라 7~10일 지나 취하는 술을 말한다. 대표 단양주로는 부의주, 일일주, 송엽주, 계명주, 청감주, 동파주, 보경가주 등이 있다.

- 이양주 : 밑술과 덧술을 통해 술을 얻는 것을 이양주라 한다. 대표적인 이양주로는 절주, 두강주, 남성주, 벽향주, 녹파주, 두강주 등이 있다.
- 삼양주 : 총 3번의 과정을 통해 술을 완성하는 방법으로 1차, 2차를 통해 미생물의 배양을 극대화시킨 후 3차 고두밥 덧술을 하는 방법을 통해 술을 만든다. 삼양주의 대표 술로는 삼해주, 호산춘, 순향주, 삼오주, 일년주 등이 있다.
- 사양주 : 밑술 한번과 중밑술 2번 마지막으로 최종 덧술을 하는 총 4번에 걸쳐 술을 완성하는 방법이다. 대표적인 사양주로는 도화주, 사오주, 사마주 등이 있다.
- 혼양주 : 발효주를 빚는 과정에서 적당한 시기를 택하여 발효주에 증류주를 가한 다음 발효를 완성시켜서 알코올 도수를 높여 장기보관하고 독특한 맛과 향을 가지게 하는 방법이다. 대표적인 술로는 과하주, 강하주 등이 있다.

2.2 거르는 방법에 따라

거르는 방법에 따라 탁주와 청주, 약주로 나눌 수 있다. 탁주는 맑은술을 떠내지 않고 체에 걸러 만든 술로 빛깔이 희다고 하여 백주(白酒)라고도 하며, 집집마다 담가 마신다 하여 가주(家酒), 농가에서 많이 담가 먹는다 해서 농주(農酒)라고도 부른다. 대표적인 술로 옥수수와 수수조청을 넣어 만든 경기 계명주, 누룩과 차좁쌀로 빚은 제주 오메기주, 부산 금정산의 누룩으로 빚은 산성막걸리, 감자를 주원료로 담은 평창의 감자술, 쌀가루로 누룩을 만들어 담근 안동 이화주, 알코올 함량이 낮은 전주 모주, 흰쌀이 개미처럼 뜬다는 경기 부의주, 김포 동동주, 포천 이동막걸리 등이 있다. 술을 빚어 용수를 박아 떠낸 맑은술을 청주 또는 약주라 한다. 약주로 불린 것은 금주령 시대에 약으로 쓰는 술이라 해서 유래되기도 하고 약효가 있거나 약재를 넣어 빚은 술에서 유래되었다고도 한다.

청주는 주로 밑술과 덧술을 두 번 이상 하는 이양주 이상의 기법을 사용하는데 덧술을 하는 이유는 첫 번째 안전한 발효를 위해 알코올을 만드는 데 있다. 두 번째는 술의 맛과 향이 덧술을 하면서 더 좋아지는 효과를 얻을 수 있는 이유에서 덧술을 담가 고급 술을 만들어낸다. 또 들어가는 부재료에 따라 향이 있는 가향재료를 넣은 것을 가향

약주, 약용성분이 있는 재료를 넣은 것을 약용 약주라 한다.

3. 전통주 제조방법

3.1 누룩의 정의

누룩은 쌀, 물과 함께 술을 빚는 기본 요소로 술을 빚을 때 당화와 알코올 발효제를 생산하는 곰팡이를 밀이나 보리, 쌀 등에 번식시킨 것으로 곡자라고도 한다. 또한 당화력과 함께 단백질 분해력이 있어 술의 맛과 품질에 큰 영향을 끼친다.

3.2 누룩 만드는 법

누룩의 제조방법은 다음과 같다. 밀이나 쌀, 녹두 등을 씻어 맷돌에 갈아 약간의 물을 넣고 잘 버무려 면포에 싸거나 성형틀에 담아 모양을 만든다. 성형한 누룩을 짚이나 쑥 등을 깔고 썩지 않게 뒤집어주며 따뜻한 곳에서 7~ 40일에 걸쳐 말려가며 띄운다.

3.3 누룩의 부재료

누룩을 띄울 때 누룩만 띄우는 것보다 쑥대, 솔잎, 볏짚 등을 이용하면 누룩을 띄우는데 도움을 받을 수 있는데 부재료를 사용하는 이유는 빠른 시간에 부재료의 균이 누룩에 착상할 수 있도록 하고, 온도가 너무 쉽게 오르거나 내려가지 않게 도우며, 수분이 너무 빨리 증발하는 것을 막아 미생물 증식하는 데 도움을 주기 때문이다.

부재료	사용법
볏짚	볏짚을 밑에 깔거나 덮을 때 사용한다.
쑥	쑥잎보다 쑥대를 깔거나 덮을 때 사용한다.
솔잎	초봄, 늦가을, 겨울에 누룩에 사용한다.
도꼬마리잎	누룩을 싸서 띄울 때 사용한다.
연잎	누룩을 싸거나 즙을 내어 누룩을 반죽할 때 사용한다.

3.4 누룩의 분류

• 제조시기에 따른 분류

2~4월	5~7월	8~10월	11~1월
춘곡	하곡	추곡	동곡

• 원료처리에 따른 분류

조곡(막걸리)	분곡	백곡
거친 밀가루	통밀가루	밀가루
막걸리/소주용	약주용	약주용

• 지역에 따른 분류

병곡	막누룩이라 하며 통밀을 거칠게 갈아 단단하게 디뎌 만든 누룩으로 중국, 한국에서 사용됨
산곡	보통 흩임 누룩이라고 하여 곡알, 낟알을 펼쳐서 띄우는 누룩. 일본에서 사용됨

• 원료처리에 따른 분류

<table>
<tr><th>서울
경기지역</th><th>경기도 이천
지역</th><th>충청도지역</th><th>전남지역</th><th>경북지역</th><th>평양지역</th></tr>
<tr><td>원반형</td><td rowspan="2">탁자형 곡자</td><td>원추형, 모자형</td><td rowspan="2">3홉 곡자</td><td rowspan="2">각형 곡자</td><td rowspan="2">만두형 곡자</td></tr>
<tr><td>곡자</td><td>정방형 곡자</td></tr>
</table>

• 누룩의 종류

진면곡	밀가루를 단단히 반죽하고 원판상으로 하되 작고 납작하게 하고 도안을 만든다.
요곡	쌀알맹이에 밀가루를 부착하여 종이 주머니에 넣고 곰팡이가 잘 번식토록 한다.
녹두곡	백미와 녹두 각 1되씩 갈아서 누룩을 만들고 멍석 위에서 반 정도 건조시킨다.
미곡	쌀가루를 약간 쪄서 누룩을 디디고 솔잎에 묻어 띄운다.
초모곡	가을보리로 누룩을 디딘다.

3.5 누룩의 법제

법제란 누룩을 사용할 때 잘게 쪼개어 2~3일간 햇볕과 이슬을 맞혀 사용하는 것을 말한다. 이는 누룩의 잡균 번식을 막고 발효하면서 생길 수 있는 나쁜 냄새를 없애고 누룩의 효소 활성화를 위해서 하는 작업이다.

3.6 현대의 발효제

- **입국** : 전분질 원료를 증자한 후 종국을 인위적으로 배양하여 만든 흩임 누룩형태의 일본식 발효제이며, 전분질의 당화와 향기 부여, 술덧 오염을 방지하며 별도의 효모를 사용해야 한다.
- **조효소제** : 개량누룩이라고도 하며 밀기울, 전분질 원료를 찌거나 생피 그대로 살균하여 인공적으로 당화효소 생성균을 번식시켜 만드는 것이다.
- **정제효소제** : 액체 및 고체 배지에 당화효소 생성균을 배양시킨 것으로 전분의 당화 분해효소 추출 주류 제조에 사용할 목적으로 제조한 것이다.

3.7 탁주 · 청주 육재 이야기

우리나라는 술 담그는 일을 음식 만드는 과정이라 생각하여 정성들여 술을 빚는다고 하였다. 술은 발효음식이므로 오랜 시간 미생물의 작용에 의해 걸러 숙성되어야 비로소 술의 참된 맛을 알 수 있다. 그래서 예로부터 술을 빚을 때는 여 섯가지 재료가 좋아야 좋은 술을 빚는다고 기록되어 있다.

• 좋은 쌀 : 술을 빚기 위해 좋은 쌀을 준비하는데 깨끗이 씻어 불려 고두밥을 지어 식혀서 빚거나, 불린 쌀을 가루 내어 백설기로 만들거나 무리죽을 쑤어 빚기도 한다. 쌀은 멥쌀이나 찹쌀을 사용하는데 60~70%가 멥쌀을 사용한다.

• 탁주, 청주 제조 시 주재료 사용방법

고두밥	전통주 제주 시 가장 많이 사용하는 기법이다. 당화가 느리며 밑술보다는 덧술 또는 단양주에 사용한다.
죽	술의 발효시간이 가장 짧고 술의 색이 맑은 것이 특징이다. 빠른 당화가 이루어져 여름보다는 겨울 속성주에 적합하다.
백설기	술의 맛이 좋은 편이다. 밑술보다는 덧술에 많이 사용한다.
구멍떡	주로 고급주에 사용하는 기법으로 술의 향기가 뛰어나다. 물이 적게 들어가 단맛이 강한 술 빚기에 적합하다.
범벅	발효 시 정성과 오랜 시간이 요구된다. 사계절 모두 적합하다.
물송편, 개떡, 인절미 등의 방법도 있다.	

• 누룩은 좋은 것을 골라 써야 하며 여름에 만들어 잘 띄운 것이 좋다.
누룩은 여름에 만들어 사용하면 미생물의 활동성이 좋아 예로부터 하곡을 좋은 누룩으로 생각했고 잘 만들어진 누룩에 고두밥을 차게 식혀 물을 섞어 잘 버무려 항아리에 담는다. 이 누룩가루를 고두밥과 직접 섞기도 하고, 누룩을 물에 담가 불려 물이나 좋은 술에 담가 사용하기도 한다. 누룩을 물이나 좋은 술에 담가 사용하는 이유는 효소의 반응이 빨라져 당화 발효가 빨라지기 때문이다.

• 좋은 물
술을 담글 때 용수도 중요한데 용수로는 무색, 무취, 무미한 것이 적합하다. 술을 담글 때 좋은 물은 발효가 잘 되는 물, 즉 미생물의 생육에 필요한 최소량이 함유되어 있고 철이나 동, 암모니아는 술에 안 좋은 영향을 주는 성분이므로 포함하지 않는 것이 좋다. 물은 연수(軟水)와 경수(硬水)로 나눌 수 있는데 연수는 단물이라고도 불리고 석회성분이나 광물질이 적게 들어 있어 예로부터 우리나라는 술을 빚을 때 사용해 왔다. 경수는 센물이라고도 하고 마그네슘, 칼슘 등이 많이 함유되어 있는 물로 술을 빚기에는 적합하지 않다.

• 항아리와 같이 좋은 그릇

누룩과 용수뿐 아니라 술을 담는 그릇의 선택도 중요한데 그중 술독이 가장 좋고 유리병과 플라스틱병이다. 술 담을 그릇을 선택하고 다른 잡균의 번식을 막기 위해 술독을 소독하여 사용한다.

사용할 수 있는 발효조	장점	단점
항아리	전통적인 발효조 발효와 숙성에 용이	깨지기 쉽고 무게가 있어 이동에 어려움
스테인리스	위생적이고 대량발효가 용이	가격이 비싸고 저렴한 것은 부식되기도 함
유리	발효 진행과정을 확인 가능	깨지기 쉬움
플라스틱	가벼워서 이동과 보관이 용이	발효조 오염이 쉬움

• 술이 잘 익는 온도

항아리에 담은 뒤 따뜻한 방에서 발효시키는데 하루나 이틀 정도는 하루에 한 번 정도 위아래로 저어준다. 술이 끓기 시작하면 열이 발생하는데 이를 품온이라 한다. 온도가 높으면 술이 쉴 수 있기 때문에 외부온도를 조금 떨어뜨린다.

온도가 너무 낮은 경우에는 효모가 활동하지 못해 발효가 어려우므로 항아리에 담요를 덮어 적당한 온도를 유지시킨다. 이렇게 술 익는 적당한 온도로는 보통 23~25℃ 정도가 적당하며 품온이 28℃가 넘지 않게 하는 것이 좋다.
품온이 23℃ 이하로 떨어지면 감패가 진행되는데 이는 알코올이 생성되지 않고 당화만 진행되는 현상이다. 이 품온을 잘 관리하기 위해서는 술을 담근 후 7~8시간이 지나면 저어주는 것이 좋은데 품온의 유지와 효모증식에 필요한 산소를 공급하기 위해서이다. 이렇게 술 담글 여러 조건들을 잘 관리해서 담근 술의 발효가 끝나면 위로 맑은술이 고이고 술독 안에 성냥불을 켜보았을 때 꺼지지 않아야 한다. 성냥불이 꺼지면 알코올 발효가 진행 중이라 이산화탄소가 발생하고 있다는 의미이다.

• 술을 담글 때는 몸과 마음가짐도 정갈하게

옛 조상들은 술 빚는 날이면 몸과 의복을 깨끗이 하고 마음을 정갈하게 하여 술을 빚었다는 기록이 있다. 이렇게 육재를 갖추고 완성된 술이 다 익으면 용수를 박아 맑은술을 떠내는 것을 채주라 하고 그 안에 고인 맑은술을 청주 또는 약주라 한다. 맑은술을 떠내고 남은 찌꺼기에 물을 뿌려가며 베주머니에 담아 눌러 짜낸 것을 막걸리라 한다. 용수를 박지 않고 큰 그릇에 쳇다리를 놓고 체에 밭쳐 걸러낸 술을 탁주라 한다. 채주한 술은 병에 담아 서늘한 곳에서 한 달 이상 숙성시키는데 이 기간이 지나면 술의 맛과 향이 더 좋아진다.

3.8 증류주 제조

증류주의 경우 발효해서 체에 걸러 만든 술덧을 가마솥에 붓고, 가마솥 위에 소줏고리를 올린 후 솥과 소줏고리 사이를 밀가루 반죽으로 시룻번을 붙이고 소줏고리 위에 덮개가 없는 경우는 솥뚜껑이나 양푼 등을 올려놓고 찬물을 붓는다. 가마솥에 불을 붙여 온도가 올라가면 솥 안의 술덧에 있는 휘발성 강한 알코올이 먼저 기화되어 올라오다 뚜껑 아래 냉각되어 물방울처럼 맺혀 소줏고리 벽을 타고 흘러내려 방울방울 소주가 되어 떨어진다.

처음 증류할 때는 몸에 해로운 에스테르와 아세트알데히드가 먼저 휘발되므로 처음 나온 것은 버리고 이후에 나온 순수 에탄올을 받아 사용한다. 이때 불의 온도가 너무 높으면 술이 많이 나오는 대신 탄내가 나고 온도가 너무 낮으면 나오는 술의 양이 적다. 소주방울이 떨어질 때 지초를 통과시켜 붉게 만든 술이 진도 홍주이고, 증류한 소주에 배와 계피, 생강 등을 넣고 숙성하여 만든 것이 이강주이다. 소주를 만드는 데 중요한 과정은 불의 세기와 냉각수 조절이며 이것이 그 맛을 좌우한다.

4. 전통주의 분류

전통적으로 내려오는 문헌에 기록되어 있는 술을 기준으로 나누어보면 누룩을 이용해 빚는 양조곡주와 소주와 같은 증류주, 외래주로 나뉜다. 양조곡주는 다시 순곡주와 혼양곡주로 나뉘고, 증류주는 순곡증류주와 약용증류주로 나뉜다.

순곡주는 거르는 방법에 따라 탁주와 청주로 구분되는데 청주는 약주라고도 한다. 순곡주를 만드는 방법으로 구분하면 덧술을 한 횟수에 따라 단양주, 이양주, 삼양주, 사양주 등이 있다. 혼양곡주도 약재나 과일 등을 어떻게 넣었느냐에 따라 자세하게 세분화된다.

증류주는 곡류와 감자, 고구마 등을 원료로 발효하여 만든 술덧을 증류하여 만든 술로 화주(火酒), 간주(杆酒), 백주(白酒), 기주(氣酒)라고도 불린다.

술의 증류법이 페르시아에서 발달되어 원나라를 통해 들어올 때 '아라키'라고도 하였다. 멥쌀과 찹쌀을 섞어서 빚어 증류한 술을 노주(露酒)라 하여 조선 중기에 널리 퍼졌다. 소주의 종류로는 원료에 따라 멥쌀소주, 찹쌀소주, 수수소주, 옥수수소주, 보리소주 등이 있으며, 첨가된 약재에 따라 감홍로, 이강주, 죽력고, 구기주 등이 있다. 또한 지역적 특성에 따라 개성 소주, 김제 송순주, 안동 소주, 전주 이강주, 진도 홍주, 영광 강하주, 송화 백일주, 담양 추성주, 영광 토종주, 해남 녹향주 등이 있다.

증류주는 순곡증류주와 약용증류주로 나뉘는데 전통적인 곡주 제조방법인 순곡증류주는 단양법이나 이양법으로 탁주나 청주를 제조한 뒤 이것을 증류하며, 약용증류주는 약재를 넣고 빚어 증류한 것과 증류한 약용증류주와 순곡증류주에 지초 · 배 · 생강 · 울금 등의 약재를 넣어 후숙시키는 약용증류주가 있다.

5. 술 빚기의 실제

• 술을 빚을 때 각 과정마다 시간과 정성을 들여야 좋은 술을 얻을 수 있다.

순서	내용	상세내용
1. 주재료 씻기	재료 이물질 제거와 잡균 제거, 수분흡수	씻을 때는 10분 내로 원을 그리며 맑은 물이 나올 때까지
2. 주재료 불리기	수분흡수를 통해 호화 용이 쌀 24~27% 수분흡수	3시간 이상 충분히 불리기
3. 물 빼기	물 빼기 전 헹궈 고르게 익히기	약 1시간 이상 물 빼기
4. 증자1	떡, 죽, 범벅, 구멍떡, 백설기	제일 높은 온도로 고르게 혼합하며 가열하여 호화가 잘 되도록 한다.
5. 증자2	고두밥	김이 오른 후 40분 찌고 20분 뜸들이기
6. 냉각	20~25℃로 충분히 냉각	25℃가 되도록 천천히 냉각하기
7. 혼합	주재료와 누룩 혼합으로 당화와 알코올 발효	누룩과 주재료가 잘 섞이도록 하기 · 누룩양은 쌀양의 10% 정도가 적당하다.

• 밑술과 덧술

밑술을 만들 때는 당화가 빠른 방법으로 양조를 한다. 주로 죽이나 범벅 방법을 사용한다. 밑술은 효모 증식이 주목적이므로 효모가 잘 자라는 온도와 1일 1회 정도 저어주어 효모 증식이 활발해질 수 있게 하는 것이 좋다. 덧술의 목적은 술의 질을 향상하는 것에 있다. 높은 알코올 도수와 부드러운 술, 실패하지 않는 술을 위해 덧술을 한다. 따라서 물이 많이 들어가는 양조방법보다, 물이 적게 들어가는 고두밥이나 백설기 형태의 양조방법으로 사용한다.

• 덧술 시기 판단

미생물이 더이상 증가하지 않는 시기에 덧술을 해야 하는데 눈으로 확인하는 방법은 거품이 활발하게 발생하다가 점차 줄어들고 누룩지게미가 둥둥 뜬다.
이산화탄소의 자극적인 냄새가 나다 점차 줄어드는 것을 코로 확인할 수 있다.
귀로는 이산화탄소가 줄어들면서 탄산 터지는 소리가 강하게 나다가 점차 줄어드는 것을 확인할 수 있다. 단맛은 거의 없고 신맛, 쓴맛, 떫은맛 등을 입으로 확인할 수 있다. 이 시기를 판단하여 덧술을 통해 질 좋은 술을 양조할 수 있다.

• 약재 사용하는 방법

약재를 투입하는 방법은 달이는 방법과 쌀과 같이 찌는 방법, 양조할 때 직접 투입하는 방법이 있다. 달일 때는 약한 불에 오랫동안 달이고 뿌리나 줄기, 가지를 사용할 때 좋은 방법이다. 찌는 방법을 활용하는 경우에는 약재를 잘게 잘라 밥과 함께 쪄서 사용하고 그냥 사용하는 것보다는 끓는 물에 전처리해서 사용하는 것이 좋다. 직접 투입하는 것은 꽃이나 연잎 등 맛과 향을 강하게 얻고자 할 때 사용하는 것이 좋다.
술을 빚을 때 부재료의 투입시기에 따라 술의 특성이 달라지는데 술 제조과정에서 어떤 시기에, 어떤 방법으로 부재료를 투입할 것인가를 술의 특성에 따라 결정한다. 기능성을 위해서라면 밑술과 덧술 초기에, 맛을 위해 투입할 경우에는 덧술이나 술이 완성될 때 넣는 것이 좋다. 색을 위해서는 완성될 때나 여과 후에 넣는 것이 좋다. 향을 위해서는 여과할 때나 병입할 때 넣어 향을 살리는 것이 좋다.

Chapter 8

식초(食醋)

1. 식초의 정의

식초란 과일류나 곡류를 주원료로 하여 초산 발효한 식품으로, 고유의 향기가 있고 신맛이 나며 3~5%의 초산과 유기산, 아미노산, 당, 알코올, 에스테르 등이 함유된 산성의 조미료이다.

식초는 조미료 중에서 최초로 만들어진 것이라 추측되는데 그 이유는 과실주가 발효되어 식초가 되었을 것이라 여겨지기 때문이다. 이는 식초를 뜻하는 영문 'vineger'가 프랑스어인 vin(와인)과 aiger(시다)의 합성인 것에서도 알 수 있듯이 그 기원이 포도주이기 때문이다.

역사 또한 오래되어 서양에서는 기원전 2500년 전에 약용으로 이용했다고 하며, 동양에서도 중국은 춘추시대에, 우리나라는 삼한시대부터 식초를 이용했던 것으로 보인다. 동양에서는 곡류를 발효하여 만든 주류에서 식초가 발생되어 과일로 만든 서양과 다른 식초의 특징이 나타난다.

2. 식초의 역사

서양에서 식초의 역사는 바빌로니아에서 대추야자로 빚은 술을 발효시켜 식초를 만들었다는 기원전 5000년까지 거슬러 올라가지만 식초의 효능에 대해 본격적으로 관심을 가지기 시작한 것은 약 2500년 전 히포크라테스(BC 460~377) 때부터로 알려져 있다. 현대의학의 아버지로 불리는 히포크라테스는 흡혈요법 후 상처를 치유하는 데 식초와 벌꿀을 섞어 사용했다고 하며, 이것은 19세기 말 프랑스, 영국, 독일에서 실제 약으로 개발되기도 하였다.

문헌 기록에 의하면 구약성서 모세 5경에 '강한 술식초와 와인식초'가 등장하고 있고, '룻기'에도 룻이 식초로 만든 음료를 받아 마셨다는 기록이 전해진다. 모세가 기원전 13년경의 사람임을 감안한다면 식초의 역사는 적어도 3300년 전이라 볼 수 있다.

이집트에서도 클레오파트라와 귀족들이 건강과 미용을 위해 식초를 즐겨 마셨다고 하며 중세 콜럼버스가 신대륙 발견을 위해 오랜 항해기간 동안 양배추를 식초에 절인 것을 먹었다는 이야기도 있다.

중국에서는 기원전부터 초가 만들어졌으며 그 기록으로는 북위시대(386~534)의 『제민요술』에 조, 찹쌀, 기장, 보리, 콩, 팥, 술지게미 등을 원료로 식초를 만들었다는 기록과 함께 한나라 때 '고주(苦酒)'라는 것이 약용으로 사용되었다는 기록이 있어 곡주에서 식초가 유래되었음을 추정할 수 있다.

우리나라에서는 식초가 언제 시작되었는지 정확히 알 수는 없지만 양조법이 삼국시대 이전부터 있었으므로 식초도 같은 시기에 있었을 것으로 추측된다. 고려시대에는 식초 제조법에 관한 기록은 없으나 여러 문헌들에 초를 이용한 기록들이 나타나고 있는데 『고려도경(高麗圖經)』에는 "앵두가 초맛 같다"고 하였고, 『해동역사(海東繹史)』에도 식품의 조리에 초가 쓰였다고 하였다.

『향약구급방(鄕藥救急方)』에는 의약품으로 다양하게 초가 사용되어 부스럼이나 중풍 등을 치료하는 데 이용되었다는 기록이 남아 있다.
조선시대에 들어와서 초의 재료 및 제조법을 기록한 문헌인 『고사촬요(攷事撮要)』에는 보리를 재료로 양조하여 만든 보리식초의 제조법이 최초로 기록되어 있다.

『동의보감(東醫寶鑑)』에는 "초는 성(性)이 온(溫)하며 맛이 시고 독이 없어 옹종(擁腫)을 없애고 혈운(血暈)을 부수며, 모든 실혈(失血)의 과다와 심통(心痛)과 인통(咽痛)을 다스린다. 또한 일체의 어육과 채소 독을 소멸시킨다"고 하여 초의 약성을 기술하고 있다.

한글 최초의 조리서인 『규곤시의방(閨壼是議方)』에는 밀을 사용한 곡초 이외에 '매자초'라 하여 오매를 말린 가루로 만든 과실초 만드는 법이 기록되어 있다. 『산림경제(山林經濟)』에는 쌀 · 밀 · 보리를 재료로 하는 곡초 이외에 감 · 대추를 재료로 하는 과실초와 창포 · 도라지를 재료로 하는 채초(菜醋), 또 꿀을 이용한 식초의 제조법도 기록되어 있다.

『증보산림경제(增補山林經濟)』에는 "초는 장(醬)의 다음으로 맛을 돋우어주는 바가 많아서 가정에서 없어서는 안 되는 것이다. 한 번 만들어두면 오래 가고 또 비용을 절약하는 바가 적지 않다"라고 하여 초의 중요성을 기록하고 있다. 이로써 옛날 우리나라 가정에서 초가 널리 만들어지고 쓰였음을 알 수 있다.

『동국세시기(東國歲時記)』와 『열양세시기(洌陽歲時記)』, 『경도잡지(京都雜志)』 등에는 초장을 절식과 함께 시식하는 내용이 있으며, 『규합총서(閨閤叢書)』에는 "병일(丙日)에 물 한 동이에 누룩가루 4되를 볶아 섞어서 오지항아리에 넣어 단단히 봉하여 둔다. 정일(丁日)에 찹쌀 한 말을 씻고 또 씻어(百洗) 쪄서 더운 김에 그 항아리에 붓고 복숭아나무 가지로 저어 두껍게 봉하여 볕바른 곳에 두면 초가 된다"고 식초 제조법을 기술하고 있다.

우리 조상들은 식초를 만들 때 길일을 택하고 부정을 멀리하며 온갖 정성을 기울여 좋은 식초를 만들기 위해 노력하였는데, 옛날에 우리나라 주부들은 부뚜막에 '초두루미'라는 것을 두어 술을 붓고 주부가 부엌을 드나들 때마다 "초야초야 나와 살자 나와 살자." 하면서 초병을 자주 흔들어주던 풍습이 있었다. 초병을 부뚜막에 두고 자주 흔들어주는 것은 부뚜막이 정결하고 한적하면서도 주부가 자주 드나드는 곳으로 식초발효를 위한 온도 관리에 적당한 장소인 동시에 호기성인 초산균의 발육과 발효에 필요한 산소를 충분히 공급할 수 있도록 하였다.

3. 식초의 분류와 종류

식초는 제조방법에 따라 크게 양조식초와 합성식초로 나뉘는데, 양조식초는 곡류, 과실류, 주류 등을 원료로 하여 발효시켜 만든 것이고, 합성초는 화학적으로 만들어진 순수한 초산을 희석하여 만든 것을 말한다.

3.1 양조식초

곡물식초	곡물을 원료로 곡물술덧, 곡물 당화액, 알코올 및 당류 등의 원료를 혼합하여 초산 발효한 것으로 현미식초, 쌀식초 등이 있다.
과실식초	즙액이나 과실주, 과실술덧, 주정 및 당류를 혼합하여 초산 발효한 것으로 감식초, 사과식초, 포도식초 등이 있다. 대부분 산도가 4.5% 이상이나 순수 감식초는 2.6%이다. 포도식초는 적포도주나 백포도주 모두 이용된다.
양조식초	주정, 당류, 첨가물 등의 원료를 혼합하여 초산 발효한 것으로 위의 재료를 혼합하여 만든 것이 있다.
기타 술지게미 식초	엿기름초, 주정초, 증류초, 마늘초, 고추초, 화이트초, 밀가루초 등이 있다. '화이트식초'란 발효해서 만든 식초를 증류해서 식초산과 더불어 기타 휘발성 성분을 응축시켜 만든 무색의 식초를 말한다.

3.2 합성초

석유에서 분리한 메탄, 에탄, 포르말, 부탄 등의 가스물질을 높은 온도에서 가열분해하여 아세틸렌으로 만들고 다시 망간 등의 촉매를 이용하여 아세트알데히드로 만든 후 이것을 산화시켜 초산을 만든 것으로 순도 99%이고 16℃에서는 얼음결정체를 이루기 때문에 '빙초산(氷醋酸)'이라고 부른다. 무색의 액체로서, 물과 대부분의 유기용매에 용해되고 수용액은 산성을 나타내어 빙초산이 피부와 점막에 닿으면 심한 염증이나 부식을 일으킬 수 있다.

4. 식초의 제조방법

식초의 제조 원리는 전분이나 당류를 알코올 발효시킨 후 초산 발효시켜 만든다.
보통 식초의 초산 농도는 3~5%이다.

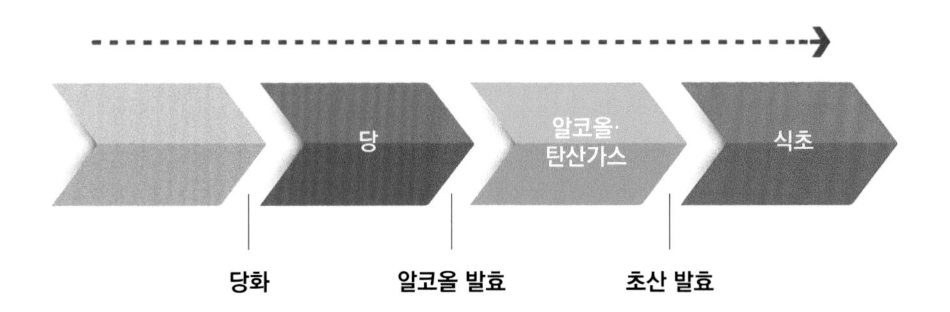

4.1 곡류로 만드는 식초

재료 준비	배양된 식초균을 식초단지에 1/5 정도 담고, 막걸리와 소주를 5:1의 비율로 섞어 식초단지에 붓는다.
발효	식초단지는 항아리나 유리병 등을 이용하는 것이 좋고, 산소를 필요로 하는 발효이기 때문에 뚜껑을 밀봉하지 않고 면포나 베보자기로 덮어 하루에 한번씩 흔들어준다.
완성	청주색이 되면 식초가 다 만들어진 것인데 겨울에는 한 달 정도, 여름에는 15일 정도 걸린다.

4.2 과실로 만드는 식초

재료 준비	잘 익은 과실을 씻어 말려 으깬다. 흠집이 있거나 병든 것도 사용할 수 있으나 산도가 0.4% 이상이어야 하므로 숙성된 것을 사용한다.
설탕 첨가	과즙의 설탕 농도가 낮기 때문에 알코올 발효를 위해 설탕을 보충해야 하는데 전체 당함량이 24%가 되도록 맞춘다. 설탕첨가량(%) = 과즙무게(g)×(0.24−과실의 당도)
주발효	설탕을 보충한 과즙을 용기에 7부 정도로 채우고 서늘한 곳에 보관하여 알코올 발효를 진행하는데 처음에는 산소가 필요하므로 뚜껑을 밀봉하지 않고 면포로 덮어둔다. 3~4일간은 하루에 한두 번 흔들어주고 발효가 본격적으로 시작되면 밀봉하여 진행한다. 15℃에서는 1~2주, 30℃에서는 수일 만에 끝나기도 한다.
초산 발효	주발효가 끝나면 찌꺼기를 분리하고 초산 발효를 진행한다. 알코올 농도가 4~6%가 되도록 맑은 물을 섞어 25~30℃ 정도 온도에 보관한다. 산소가 많이 필요하므로 입구가 넓은 것을 이용하고 면포로 덮는데 초파리가 생길 수 있으므로 잘 묶는다.
숙성	초가 숙성되는데 5~10℃에서는 2~3개월이 소요되며, 이 과정에서 식초 고유의 맛과 향이 생긴다.
살균 · 보관	숙성이 끝나면 숯을 이용해 걸러내고, 오랜 보관을 위해 살균을 한다. 식초를 깨끗한 유리병에 넣고 60~65℃에서 30분, 또는 80℃에서 5분간 가열 살균한다. 살균 이후 뚜껑을 밀봉해 서늘한 곳에 보관하고 사용한다.

5. 식초의 유용성

- 식초는 신맛을 내는 대표적인 조미료로 사용되는데, 음식의 풍미를 더해주고, 짠맛이나 기름진 맛을 부드럽고 상쾌하게 하며 요리의 색을 선명하게 만들어 염장식품에 식초를 넣으면 짠맛이 덜하다.
- 음식의 쓴맛과 생선 특유의 비린내를 제거하는데, 생선회에 레몬을 곁들여 내면 레몬의 구연산이 생선의 비린내를 없애고 생선살을 단단하고 탄력 있게 한다.
- 채소의 비타민 C를 보호할 뿐만 아니라 우엉, 토란, 연근 등의 아린 맛을 없애주고 갈변을 방지한다.

- 식초는 살균력이 뛰어나 여름철 냉면이나 냉국 등의 차가운 음식을 먹을 때 넣기도 하고, 유행성 질병의 예방에도 효과를 나타낸다.
- 살균력과 함께 저장성이 뛰어나 장아찌나 초절임에 이용된다.
- 식초에는 여러 유기산과 함께 다양한 종류의 당분과 아미노산 등이 함유되어 있고, 새콤한 맛은 식욕을 돋우고 소화액 분비를 촉진시킨다.
- 식초는 체내에서 알칼리성 식품으로 활성화되는데 혈액 속의 노폐물을 배출시켜 산성화되는 것을 막아준다. 또한 소화기관에 들어가 TCA 대사경로의 중간 생산물로 전환되어 에너지 생성을 활발하게 하여 피로회복에 좋고, 젖산과 같은 피로물질이 체내에 축적되지 않게 한다.
- 식초는 탄수화물, 단백질 흡수율도 높이고 해조류에 함유된 칼슘, 철분 등 미네랄 흡수도 촉진한다.
- 식초를 넣은 음료는 스트레스 해소와 갈증 해소에도 도움이 되고 민간에서는 피부 부스럼의 치료에도 이용된다.

6. 식초의 종류와 특성

지역마다 식초에 특색이 있는데, 미국에서는 사과식초, 프랑스에서는 포도식초, 영국에서는 몰트식초 등이 유명하고 우리나라에서는 현미식초, 포도식초, 사과식초 등을 많이 사용하고 있다.

감식초	가을에 떨어진 감이나 상처 난 것, 과숙된 것 등을 으깨서 발효시켜 만든다. 다른 식초에 비해 산도가 2.4%로 낮아 물에 희석하여 음료용으로 많이 사용한다. 감에는 다른 과실의 8배나 되는 비타민 C가 있어 피부노화를 방지하고, 감기예방, 고혈압과 심장병 등의 순환기 질병에 탁월한 효과가 있으며, 만성기관지염과 피로 회복에도 좋다. 체내 과다한 지방을 분해하는 효과가 있다. 꿀물, 과일즙, 우유 등에 타서 마시면 좋다.
보리식초	아미노산 함량이 현미식초보다 높다. 식욕을 증진하고 살균효과가 있어 더운 여름 입맛이 없거나 음식이 상할 염려가 있을 때 사용하면 좋다. 식품의 변색을 막아줄 뿐 아니라 쌀로 만든 것보다 맛과 향이 진하다. 한방에서 보리는 오장을 튼튼하게 하고 설사를 멎게 하는 효과가 있다 하며 엿기름을 만들어 소화제로 사용하기도 한다.

현미식초	순수 쌀로 만든 현미식초는 무기질과 비타민이 풍부하고 간의 기능을 도와주는 기능이 있어 물과 희석하여 건강음료로 많이 이용한다. 현미식초를 오래 숙성시키면 색이 짙어지는데 이것을 현미흑초라고 한다. 초콩이나 초절임 식품을 만드는 데 사용하면 좋다.
포도식초	당분이 풍부한 포도는 에너지 대사를 돕는 당분함량이 높아 자양강장 식품으로 피로 회복에 좋고 칼륨함량이 높아 나트륨 배설작용으로 고혈압 예방에도 효과가 초는 향이 매우 좋아 샐러드 드레싱으로 많이 사용한다.
사과식초	사과에는 식이섬유의 한 가지인 펙틴이 함유되어 있어 정장작용에 효과가 있다. 펙틴은 장의 움직임을 활발하게 하고 배변을 돕는다. 또한 콜레스테롤의 배출을 돕는다. 물과 희석하여 꿀을 넣어 마셔도 좋고 샐러드나 초무침에 사용하면 좋다. 고기요리 섭취 시 염분을 적게 섭취할 수 있고 콜레스테롤 배설을 촉진한다.
매실식초	산도가 약하고 부드러우며 향이 좋아 음료로 많이 이용한다. 만성피로, 소화불량, 복통, 설사 등에 효과가 있고, 여름철 배앓이에도 좋다. 또한 벌레 물린 곳이나 두드러기, 땀띠 등의 피부질환에도 사용한다. 음료로 마실 경우 충치, 풍치 등 치과 질환에 효과가 있다.
복숭아식초	황도가 백도보다 비타민 함량이 높다. 주석산과 사과산, 구연산 등이 풍부해 살균 작용도 뛰어나고 식욕촉진과 피부미용, 진해, 거담효과가 있다.
유자식초	유자는 우리 몸속의 모세혈관을 튼튼하게 해주고 뇌혈관장애로 일어나는 풍 등의 질병에 효능이 있다.
종려주 식초 (palm wine vinegar)	나이지리아에서 야자열매를 이용한 술(종려주)을 이용하여 제조되며, 4%의 초산을 가진 식초로 제조되어 중요한 조미료로 사용된다.
필리핀 식초 (philippine vinegars)	필리핀에서는 파인애플, 맥아, 사탕수수, 야자수액, 코코넛액을 이용하여 식초를 제조한다. 특히 파인애플 주스 가공의 부산물을 많이 사용하며, 코코넛액은 당함량이 1% 미만으로 당을 15%로 조절해야 한다.

Chapter 9
치즈 및 유제품

1. 치즈의 개요와 역사

치즈란 인류가 가축을 키우고 우유를 먹으면서 생겨난 식품으로 다양한 우유제품의 단백질을 응고시켜 만든다. 제조법으로 탈지유, 크림, 버터밀크 등의 원료를 유산균에 의해 발효시키고 응유 효소로 응고시킨 후 유청을 제거하고 가열 또는 가압하는 등의 처리에 의해 숙성시킨 식품을 말한다. 치즈는 매우 전통적인 발효유제품이며 전 세계적으로 지역과 제조방법 및 원료에 따라 800종 이상의 치즈가 알려져 있고, 종류가 다양해서 가치가 더욱 높은 식품이라고 할 수 있다. 치즈는 영양적으로 필수 미네랄 성분이 우유에 비해 8~10배 농축되어 있어 작은 양에 많은 영양성분을 섭취할 수 있어 현대인들에게 아주 필요한 음식이다.

또한 치즈는 우유 알레르기를 일으키는 유당 성분이 거의 함유되어 있지 않아 우유를 못 먹는 사람도 안심하고 먹을 수 있다. 그러나 많은 양을 한번에 먹는 것은 유의해야 한다. 또한 단백 소화 흡수율이 90~98%나 되어 발효식품 중에서는 그 역사가 오래되고 영양가 최고의 고급식품으로서 '신으로부터 물려받은 최고의 식품'이라고 한다.
치즈라는 말은 라티어인 'caseue'에서 고대어인 'cse'가 되고 다시 중세 영어인 'chese'를 거쳐 현대의 'cheese'로 변한 것이다.

치즈는 BC 6000년경 메소포타미아에 치즈와 비슷한 식품에 대한 기록이 있으므로 그 기원은 오래된 것으로 추측된다. 또 BC 3000년경 스위스 코르테요 문화나 크레타섬의 미노아 문명시대에 치즈 제조용인 목제기구의 출토가 있으므로 옛날부터 치즈가 이용된 것으로 보인다. BC 3500년 무렵 메소포타미아 지방에서 젖소 사육, 착유, 유가공을 했음을 나타내는 석판이 발견되었고, BC 4000년~BC 2000년에 이집트, 인도, 중앙아시아에서도 치즈 등이 제조되었다고 한다. 아라비아 상인이 양의 위에 우유를 넣어 여행하는 동안 태양열로 따듯해진 우유가 양의 위에서 나온 응유 효소의 작용으로 굳어져 치즈가 처음 발견되었다. 10~12세기 로마에서 영국으로 확대된 치즈 제조기술은 봉건 영주와 수도원에서 발전하였는데 제조방법을 엄격하게 비밀로 유지하기도 했다. 그러나 세계 각지로 퍼져 나간 치즈 제조법은 각 지역의 기후와 재료 특성으로 인하여 다양하게 발전되어 갔다. 이렇게 치즈는 중동지방에서 발견되어 유럽으로 전해진 것으로 호메로스의 시나 히포크라테스도 치즈에 대해서 언급하였고 성서에도 기호품으로 기술하였다. 고대 중국의 칭기즈칸은 병사들에게 군량으로 치즈를 사용하였으며 우리나라는 1967년 벨기에에서 파견된 신부가 전북 임실에 처음으로 산양유를 이용한 치즈 제조기술을 보급하여 생산하기 시작하였다.

2. 치즈 제조과정

치즈는 각각의 단계를 거쳐 여러 가지 조합으로 서로 다른 종류의 특징을 가지는 치즈를 만든다. 치즈의 특징과 품질은 원재료가 되는 우유의 종류, 레닛효소, 산의 종류와 효소 등에 따라 달라질 수 있다. 치즈가 만들어진 다음 숙성하는 과정에서 치즈에 들어 있는 젖당이 젖산으로 변화하여 내부를 산성으로 만들고 젖산균과 다른 미생물이 분비되는 여러 가지 효소에 의하여 단백질 펩티드를 거쳐 아미노산으로 분해되어 치즈 고유의 풍미와 질감을 얻게 된다.

치즈를 제조하는 일반적인 방법은 다음과 같은 과정을 거친다.

2.1 살균

치즈의 원재료가 되는 우유 속에 병원균이나 부패균 등을 살균하기 위해 80℃ 이하의 온도에서 저온살균처리를 하는데 이를 파스퇴르제이션(Pasteurization)이라 한다. 우유의 저온살균법으로 63℃에서 30분간 저온살균하거나, 72℃에서 16초간 고온단시간 살균법 등을 사용한다. 살균온도에 따라서도 치즈의 특징이 달라지는데 74℃ 이상에서 살균할 때는 커드 형성이 약하게 이루어진다.

2.2 커드 형성

우유의 단백질이 응고하여 덩어리 형태가 되는 것을 커드(curd)라 하고, 커드 속에는 우유의 지방이나, 수분과 미량양양소가 함께 함유되어 있다.

커드를 형성하는 조건으로 첫 번째는 식초나 구연산 등의 산을 첨가하여 우유의 대표적 단백질인 카세인의 등전점을 이용해 응고시키는 방법과, 두 번째 응유 효소인 레닛을 첨가하여 응고시키는 방법으로 각각의 방법으로 제조하기도 하고 두 가지를 병행하여 제조하기도 한다. 레닛은 소의 네 번째 위에서 분비되는 소화효소 중 하나로 단백질 응고 효소이다. 또 다른 방법으로 젖산균을 이용하여 발효해서 젖산을 생성하므로 pH를 낮춰 응고시키기도 한다.

2.3 커드와 유청 분리

우유를 응고하면 덩어리형태의 커드와 맑은 액체형태의 유청으로 분리된다. 치즈를 제조하기 위해서 커드와 유청을 분리하는데 이때의 방식에 따라 치즈형태가 달라진다. 분리하기 전 커드를 작게 잘라 유청이 잘 배출되도록 하고, 온도를 높이는데 연질은 31℃ 전후, 경질은 40℃ 전후 가온처리하여 유청을 배출시킨다.

2.4 치즈 성형

유청을 제거한 커드는 따뜻한 물에서 차가운 물로 온도를 낮춰 가며 세척하여 신맛을 낮춘다. 이후 틀에 넣어 압착하여 모양을 성형하고, 소금을 첨가하여 미생물의 번식을 억제하고 맛을 증대시킨다.

2.5 치즈의 숙성

성형과 가염이 끝난 치즈는 조유에 따라 다양한 숙성을 거치는데 장기간 숙성이 필요한 제품은 표면을 파라핀용액에 담가 코팅하여 숙성한다.

숙성과정에서 치즈 속의 단백질과 지방이 젖산균과 레닛 등의 작용으로 분해되어 여러 가지 아미노산, 아마이드, 지방산, 에스테르 등이 생성되고, 숙성장소의 온도나 습도 등의 다양한 변화에 따라 이것들이 어우러져 독특한 특성과 맛을 가지게 된다.

3. 치즈의 분류

치즈의 제조과정에서 보듯이 제조 요건들에 의해서 치즈의 다양한 특성이 나타나므로 종류가 다양해지는데 크게는 치즈의 수분함량에 따라 부드러운 형태의 연질에서부터 단단한 형태의 초경질로 나뉘고 각각의 숙성 정도에 따라 분류된다.

연질치즈 (수분 40% 이상)	비숙성	코티지, 리코타, 생모차렐라, 마스카르포네
	곰팡이숙성	카망베르, 콜로미에, 뇌샤텔, 브리
	세균숙성	리바로, 문스터, 퐁레베크
반경질 (수분 36~40% 이상)	곰팡이숙성	고르곤졸라, 스틸턴, 생넥테르
	세균숙성	몬테리잭, 브릭, 모차렐라, 페타, 림버거
경질 (수분 25~36% 이상)	세균숙성	에멘탈, 그뤼에르, 아펜젤러, 체더, 에담, 고다
초경질 (수분 25% 이상)	세균숙성	파르메산, 페코리노, 그라나파다노

4. 치즈의 영양 및 보관

치즈는 우유 중의 단백질인 카세인과 지방질의 거의 전부가 옮겨간 것으로 단백질과 지방이 20~30%씩 함유되어 있으며 젖산균 등의 효소작용으로 수용화가 진행되어 소화 흡수되기 쉬운 형태로 변화한다. 지방질은 콜레스테롤과 밀접한 관계가 있는 스테아린산, 팔미트산이 다른 동물성 지방에 비해 상대적으로 적기 때문에 동물성 지방이 고혈압이나 심장병 환자에게 금기되어 있으나 치즈는 그런 제한을 받지 않는다. 또한 식물성 스테롤, 사포닌, 이소플라본은 항암효과뿐만 아니라 골다공증에도 효과가 있어 폐경기 여성에게 좋은 건강식품이다.

치즈는 종류에 따라 보관법이 다르며 연질형 및 비숙성치즈는 밀봉하여 냉장고에 저장해야 하며 경질치즈는 2개월, 가공치즈는 5개월 정도 냉동 보관이 가능하다.

5. 발효유 및 발효버터유

발효유로는 요구르트, 유산균우유, 버터크림 등이 있고 농축된 탈지유에 유산균을 첨가하여 배양해서 만든 음료이다. 살균처리한 탈지유 또는 부분적인 탈지유에 유산균을 첨가해서 배양하여 제조한 음료인 유산균우유는 락토바실러스 아시도필스균을 배양한 것으로 소화기관 내에 부패균을 억제하는 데 효과가 있다. 발효버터유는 우유를 원심분리하여 생긴 크림으로 버터층에서 분리된 수용액 부분인 버터밀크에 유산균을 20~22℃에서 배양하여 발효시킨 것으로 신맛이 나며 제과 제빵 등에 사용된다.

쉽게 배우는 한국의 발효음식

Fermented food in Korea

02

실기편
웰빙 저장발효음식의 실제

Chapter 1 장류

Chapter 2 김치류

Chapter 3 젓갈류

Chapter 4 장아찌류

Chapter 5 식혜와 식해

Chapter 6 전통주

Chapter 7 식초

Chapter 8 치즈

쉽게 배우는 한국의 발효음식

Fermented food in Korea

CHAPTER

01

장류

• 메주 만들기 • 장 담그기 • 막장 • 즙장 • 담북장
• 청국장 • 찹쌀고추장 • 대추고추장 • 마늘고추장
• 고구마고추장 • 맛간장 • 간장게장 • 대하장

메주 만들기

메주콩은 일반적으로 우리가 '콩'이라고 부르는 대두(大豆)를 말하며, 콩 속의 사포닌은 대사 촉진력이 뛰어나 혈액 속 여분의 콜레스테롤을 체외로 배출시킴으로써 심장병, 고혈압, 당뇨병 등의 예방에 효과가 있다.

재료

노란콩(메주콩) 3kg

만들기

1. 메주콩은 흠이 있거나 벌레 먹은 것을 고른 후 물에 12시간 이상 불린다.

2. 불린 콩을 솥에 담고 같은 양의 물을 부어 붉은 기운이 돌 때까지 4시간 정도 삶는다.

3. 삶은 콩은 절구에 넣고 절반 정도 으깨지게 친다.

4. 으깬 콩 반죽을 3등분하여 네모모양(메주)으로 만든다.

5. 바람이 잘 통하고 서늘한 곳에 일주일 정도 겉말림을 한 다음 짚으로 매달아 30일 정도 말린다.

6. 바닥에 짚을 깔고 35~40℃로 하여 가끔 뒤집어가며 20~30일 정도 띄운다.

7. 건조된 메주는 상자에 담아 서늘한 곳에 보관한다.

Tip

- 콩을 가마솥에 삶을 때에는 끓어 넘치지 않게 불 조절을 하여 삶고, 스팀 찜기에서는 2시간 정도 찐다.
- 콩이 덜 익거나 너무 익었을 경우 잘 띄워지지 않을 수 있다.
- 메주를 만들 때 너무 질거나 곱게 빻으면 속이 잘 띄워지지 않고 썩을 수 있다.
- 메주를 띄우는 기간은 크기에 따라 다를 수 있다.
- 곰팡이의 색은 노랗거나 하얀색이 좋다.

장 담그기(간장, 된장)

메주는 미생물이 콩을 분해해서 아미노산으로 바꾸어 놓아 감칠맛이 생겨서 음식 맛을 좋게 한다.

재료

메주 6kg, 소금(천일염) 4.5~5kg, 물 20~25L
마른 대추 5개, 건고추 5개, 참숯 3개

만들기

1. 깨끗이 솔로 닦은 메주는 물로 다시 한 번 씻어 말린다.
2. 물과 소금의 비율을 맞춘 후 소금은 녹여준다.(굵은소금은 미리 간수를 뺐다가 사용하면 좋다.)
3. 항아리는 깨끗이 씻어 햇볕에 말린 다음(뜨거운 참숯을 넣거나, 짚을 태우거나, 청솔가지를 끓이거나) 김을 씌워 소독한다.
4. 소독한 항아리에 메주를 넣고 소금물을 붓는다.
5. 대추와 고추를 띄우고 숯을 달구어 넣는다.
6. 40일 정도 숙성된 후 어레미에 밭쳐 간장과 메주건지로 나눈다. 간장은 그대로 항아리에 담거나 한번 끓인 후 식혀 항아리에 담아 숙성시켜 먹는다.
7. 메주건지는 간장으로 농도를 맞춰 버무린 다음 항아리에 담아 두 달 정도 숙성시켜 먹는다.

- 햇볕이 잘 드는 곳에 항아리를 보관하고, 아침저녁 뚜껑을 여닫거나 유리뚜껑을 덮는다.
- 간장양을 많이 만들 경우 소금물을 30L 정도까지 부을 수 있다.
- 소금양이나 장을 거르는 시기는 담근 시기와 지역에 따라 다르다. 정월장은 50~60일, 2월장은 40~50일, 3월장은 30~40일

막장

막장은 지역에 따라 메주를 빠개어 가루를 내서 담갔다고 해서 빠개장 또는 가루장이라고도 한다. 메주를 갈아 직접 담그기 때문에 영양가도 높다.

재료

막장메줏가루 300g, 보릿가루 150g, 고추씨가루 100g
물 1L, 소금 200g

만들기

1. 냄비에 물과 보릿가루를 넣고 보리죽을 쑨다.

2. 보리죽이 한 김 식으면 막장메줏가루, 고추씨가루를 넣고 잘 버무린 후 소금을 넣어 간을 맞춘다.

3. 항아리에 담아 일주일 정도 숙성시킨다.

4. 잘 익은 막장은 냉장 보관하여 사용한다.

- 막장용 메주는 콩 이외에 쌀이나 밀 등을 익혀서 함께 섞어 주먹만 하게 빚어 띄워 만든다.
- 고춧가루나 조청을 넣기도 한다.
- 보릿가루 대신 찹쌀가루를 사용하거나 같이 쓸 수도 있다.

즙장

우리나라 전통 장류 음식 중 하나인 즙장(汁醬)은 전라도, 충청도, 경상도 지역에서 여름에서 가을에 속성으로 담가 먹는 별미 장이다.

재료

막장용 메줏가루 200g, 찹쌀가루 400g, 엿기름가루 100g
고춧가루 100g, 다진 마늘 2큰술, 청장 4큰술, 소금 4큰술
조청 3큰술, 무 200g, 가지 1개, 말린 고춧잎 40g, 말린 토란대 20g
굵은소금 3큰술

만들기

1. 무는 굵게 채 썰고, 가지는 어슷 썰어 굵은소금을 뿌려 절인 후 물기를 짠다.

2. 말린 채소는 물에 살짝 불려 체에 밭쳐 물기를 짠다.

3. 찹쌀가루에 물 10컵 정도를 부어 되직하게 죽을 쑤고, 엿기름은 체에 쳐서 가루만 사용한다.

4. 찹쌀죽에 엿기름가루와 고춧가루, 메줏가루를 넣고 잘 섞은 다음 손질한 채소류와 다진 마늘, 청장, 소금, 조청을 넣는다.

5. 전기밥솥에 보온으로 6~10시간 정도 삭힌 후 소금으로 간하여 끓여 먹는다.

- 채소를 절일 때 청장으로 절여 쓸 수도 있고, 물에 불린 채소는 물기를 꼭 짜서 사용한다.
- 무나 가지와 함께 오이나 우엉, 호박 등 여러 가지 채소를 사용할 수 있다.
- 집집마다 다양한 재료로 담는 속성장으로 집장, 또는 채장이라고도 한다.
- 물기가 많아서 즙장이라고도 하며, 예전에는 두엄이나 짚불에서 묻어서 익히기도 하였다.

담북장

입춘 전에 잠깐 맛보는 계절장의 하나로 담수장이라고도 한다.
지역마다 특색 있는 다양한 방식으로 짧은 기간에 익힌 속성장이기도 하다.

재료

메줏가루 200g, 고춧가루 60g, 소금 40g
물 1컵, 생강 1작은술, 마늘 1큰술

만들기

1. 메줏가루와 고춧가루를 섞는다.

2. 소금을 물에 녹여 소금물을 만든다.

3. 메줏가루와 고춧가루에 소금물과 생강, 마늘을 넣고 반죽한다.

4. 따뜻한 곳에서 2~3일 정도 발효시킨다.

5. 냉장 보관하여 사용한다.

- 담북장에 고추와 멸치액젓, 참기름, 깨소금을 넣어 쌈장을 만들거나 시래기, 우거지 등을 넣어 잘박하게 조리듯이 끓여 먹기도 하고 감자, 애호박, 버섯 등을 넣어 찌개로 이용하기도 한다.
- 김칫국을 넣고 담아 찌엄장이라고도 한다.
- 메줏가루에 따뜻한 물을 부어 하룻밤 발효한 후 고춧가루를 넣어 반죽하기도 한다.

청국장

청국장은 삶은 콩을 뜨거운 곳에서 발효시켜 누룩곰팡이가 생기도록 만든 속성 장류로 담가서 2~3일이면 먹을 수 있다. 즉 콩 발효식품류 중 가장 빠른 기일에 만들 수 있다.

재료

메주콩 1kg

만들기

1. 메주콩은 흠이 있거나 벌레 먹은 것을 고른 후 물에 12시간 이상 불려 체에 밭친다.

2. 솥에 불린 콩과 물을 붓고 붉은 기운이 돌 때까지 푹 삶아 체에 밭친다.

3. 상자에 면포를 깔고 짚을 깐 뒤 삶은 콩을 넣고 면포를 덮은 후 따뜻한 곳(40~45℃)에서 2~3일간 띄운다.

4. 콩에서 끈적한 실이 나오면 절구에 넣고 대충 빻은 뒤 소금, 마늘, 고춧가루를 넣고 반죽하여 한번 먹을 만큼씩 포장하여 냉동해 두고 꺼내 먹는다.

Tip

- 콩을 삶을 때 눋지 않도록 가끔씩 저어 준다.
- 지나치게 발효하면 냄새도 안 좋고 쓴맛이 난다.
- 청국장을 끓일 때 신김치나 두부를 넣어 끓인다.
- 지역에 따라 담북장이라고도 한다.

찹쌀고추장

고추의 빨간 빛깔은 캅산틴(capsanthin)이라는 성분이고 매운맛은 캡사이신이라는 성분으로 매운 맛을 강하게 한다.
단맛과 매운맛이 잘 조화된 고추가 좋다.

재료

고춧가루 300g, 메줏가루 150g, 찹쌀가루 400g
엿기름 200g, 소금 200g, 물 3L

만들기

1. 엿기름을 주머니에 담고 물에 불린 후 주물러서 엿기름물을 만든다.

2. 냄비에 찹쌀가루를 넣고 걸러둔 엿기름의 웃물만 가만히 따라 약불에서 따뜻하게 하여 삭힌 후 절반 정도 될 때까지 졸이면서 끓인다.

3. 한 김 식힌 후 메줏가루를 넣어 잘 섞는다.

4. 반죽이 식으면 고춧가루와 소금을 넣고 잘 버무린 뒤 항아리에 담아 숙성시킨다.

Tip

- 조청이나 매실효소액 등을 넣어 단맛을 낼 수 있다.
- 찹쌀가루 삭힌 물을 조금 덜어내어 고추장 반죽을 한 뒤 농도를 맞출 때 쓰면 좋다.
- 곰팡이가 나는 것을 막기 위해 소주를 조금 넣기도 한다.
- 고춧가루까지 넣고 무게를 재어 10% 정도의 소금을 넣는 것이 좋다.

대추고추장

대추는 단맛의 따뜻한 성질로 '대조(大棗)'라고도 하는데, 심장을 도와 혈액순환을 원활하게 하고 신경을 안정시키는 효능이 있다.

재료

대추 200g, 찹쌀가루 300g, 엿기름 200g
물 2L, 고춧가루 200g, 메줏가루 100g, 소금 120g

만들기

1. 대추를 씻어 냄비에 물을 붓고 푹 끓인 뒤 체에 걸러 씨와 껍질을 버리고 다시 조려 대추고를 만든다.

2. 엿기름을 물에 담가 불린 후 주물러 체에 밭친다.

3. 냄비에 찹쌀가루를 넣고 엿기름물의 웃물만 가만히 따라 약불에서 삭힌다.

4. 찹쌀가루가 다 삭혀지면 만들어놓은 대추고를 넣고 절반이 될 때까지 졸인다.

5. 거의 다 졸여지면 한 김 식힌 후 메줏가루를 넣고 섞는다.

6. 고춧가루를 넣고 소금으로 간을 한다.

- 대추는 된죽 정도의 농도로 조린다.
- 찹쌀가루를 죽으로 만들어 고추장을 담그기도 한다.
- 메줏가루는 따듯할 때 넣고 고춧가루는 식힌 후에 넣는 것이 좋다.
- 고춧가루까지 넣고 무게를 재어 10% 정도의 소금을 넣는 것이 좋다.

마늘고추장

마늘에는 아미노산의 일종인 알리신이라는 성분이 함유되어 있으며, 콜레스테롤 형성을 막아주고 항암작용을 하는 것으로 알려져 있다.

재료

깐 마늘 300g, 찹쌀가루 500g, 엿기름 200g, 물 5L
메줏가루 200g, 고춧가루 300g, 소금 250g

만들기

1. 마늘은 분쇄기로 굵게 간다.

2. 엿기름을 물에 담가 불린 후 주물러 체에 밭친다.

3. 냄비에 찹쌀가루를 넣고 걸러둔 엿기름의 웃물만 가만히 따라 약불에서 삭힌 후 1/3 정도 될 때까지 조린다.

4. 한 김 식힌 후 메줏가루를 넣어 잘 풀고 식으면 고춧가루와 다진 마늘, 소금을 넣고 잘 버무린 뒤 항아리에 담아 숙성시킨다.

Tip

- 고춧가루까지 넣고 무게를 재어 10% 정도의 소금을 넣는 것이 좋다.
- 마늘을 삶아 으깨어 조려서 넣기도 한다.
- 초여름 마늘을 캐서 담근다 하여 여름고추장이라고도 하며 마늘의 항균작용으로 곰팡이가 나지 않는다.

고구마고추장

칼륨이 많은 대표적 식재료인 고구마는 피로회복과 노화방지, 성인병 예방의 효과와 섬유질을 많이 함유하고 있다.

재료

고구마 500g, 고춧가루 300g, 엿기름 200g
메줏가루 100g, 소금 150g, 물 2L

만들기

1. 고구마는 푹 익혀서 껍질을 벗겨 으깨어 체에 내린다.

2. 엿기름을 물에 담가 불린 후 주물러 체에 밭친다.

3. 보온밥솥에 고구마를 넣고 엿기름물의 웃물만 부어 3~4시간 정도 삭힌 후 물엿 농도가 될 때까지 졸인다.

4. 고구마 졸인 물이 미지근하게 식으면 메줏가루를 넣고 잘 섞는다.

5. 고춧가루를 넣고 소금으로 간을 한다.

Tip

- 고추장의 농도가 너무 되직하면 엿기름물을 끓였다 식혀서 넣는다.
- 서울, 경기에서는 찹쌀가루와 엿기름을 넣어 조린다.
- 소금 간은 하루 정도 지나서 다시 확인하는 것이 좋다.

맛간장

잘 만든 맛간장은 입맛을 돋우어주며, 특히 반찬, 조림에 맛간장을 이용하면 쉽고 빠르게 만들 수 있다는 장점이 있다.

재료

간장 4컵, 통후추 1큰술, 흑설탕 1컵, 청주 1컵, 조청 1컵

채소물
양파 1/2개, 사과 1/3개, 대파 1뿌리, 표고 3개, 마른 고추 3개, 마늘 6개
다시마 5g, 청양고추 3개, 물 4컵

만들기

1. 양파와 사과는 깨끗이 씻어 썰고, 표고와 마른 고추는 흐르는 물에 씻고, 마늘은 편으로 썰고, 청양고추는 어슷 썬다.

2. 냄비에 물, 양파, 사과, 대파, 표고, 마른 고추, 마늘, 청양고추를 넣고 끓인 다음 다시마를 넣고 우려 채소물을 만들어 거른다.

3. 채소물에 간장, 통후추, 흑설탕, 청주, 조청을 넣어 한소끔 끓인다.

4. 끓인 맛간장을 체에 거른다.

- 채소의 종류는 집에 남아 있는 여러 가지 채소를 사용해도 좋다.
- 맛간장은 염도가 낮으므로 냉장 보관하여 사용한다.
- 고추는 씨도 함께 넣어 끓인다.

간장게장

꽃게는 살이 통통하게 오르는 봄에 잡은 것이 가장 맛있으며, 암꽃게를 많이 사용한다. 암꽃게는 살이 부드럽고 비린내가 심하지 않으며 알이 차 있어 게장을 담그기에 좋다.

재료

꽃게 3~4마리(1kg), 간장 2컵, 채소물 4컵, 마늘 2통, 생강 2쪽

채소물
물 5컵, 멸치 10g, 마른 새우 10g, 양파 1개, 다시마 2쪽, 표고 3장
마른 고추 2개, 통후추 1/2큰술

만들기

1. 꽃게는 껍데기째 솔로 문질러 닦아 체에 밭쳐 물기를 뺀다.

2. 냄비에 채소물 재료를 넣고 약불에서 은근히 끓여 체에 밭친다.

3. 간장에 채소물을 붓고 마늘과 생강을 편으로 썰어 넣어 잠깐 끓였다 식힌다.

4. 수분 제거한 게에 간장물을 붓고 3~4일간 숙성시킨 다음 간장물만 따라내고 끓여 식혀 붓기를 2회 정도 반복한다.

Tip

- 꽃게는 살아 있는 것을 사용하거나 급속 냉동한 것을 사용한다.
- 산란 전인 봄철에는 암컷이 살이 많고 산란 후인 가을에는 수컷이 살이 많다.
- 꽃게의 배꼽모양이 둥그스름한 것이 암게이고 뾰족한 모양이 수게이다.

대하장

대하는 카로틴, 타우린, 키토산 등의 성분이 함유되어 있어 면역력을 높이고 노폐물을 몸 밖으로 배출해 주는 효과가 있어 피부 미용에 도움을 준다.
가을철에 맛과 영양이 가장 좋다.

재료

대하 10마리, 홍고추 1개, 청양고추 3개, 마늘 5개, 생강 10g

양념장

간장 1컵, 채소물 1/2컵, 매실액 2큰술

채소물

물 5컵, 멸치 10g, 마른 새우 10g, 양파 1개, 다시마 2쪽, 표고 3장, 마른 고추 2개, 통후추 1/2큰술

만들기

1. 대하는 내장을 제거하고 수염과 지저분한 것을 자른 뒤 소금을 살짝 뿌려 버무린 후 찬물에 씻어 물기를 뺀다.
2. 채소물을 끓인다.
3. 고추는 어슷 썰어 씨를 털어내고, 마늘과 생강은 편으로 썬다.
4. 간장, 채소물, 매실액을 한소끔 끓여 식힌다.
5. 대하를 통에 담고 식힌 간장양념장을 부은 뒤, 고추, 마늘, 생강을 넣고 완성한다.
6. 약 3~4일 후에 꺼내 먹는다.

- 대하는 껍질이 단단하고 투명한 빛이 도는 것이 좋다.
- 대하의 내장은 이쑤시개로 등 쪽의 껍질 사이를 찔러 넣어 살살 뽑아낸다.
- 대하는 신선한 것을 고르거나 냉동된 것을 냉장에서 해동하여 사용한다.
- 오래 두면 살이 물러지므로 빠른 시일 안에 먹는다.

CHAPTER

02

김치류

• 배추김치 • 백김치 • 열무김치 • 깍두기 • 총각김치
• 오이소박이 • 오이백김치 • 쪽파김치 • 씀바귀김치
• 고들빼기김치 • 갓김치 • 나박김치 • 장김치 • 동치미

배추김치

겨울 김장김치로 담글 때 강원도에서는 배추 사이사이에 생태를, 경상도에서는 갈치를, 전라도에서는 생조기를 넣기도 한다. 배추 100g 중에는 비타민 A가 많은데 흰 부분에는 없고 푸른 부분에 많다.

재료

배추 1포기(약 2kg 정도), 절임용 굵은소금 300g, 무 500g, 갓 100g
대파 100g, 양파 100g, 미나리 30g, 배 100g, 고춧가루 2/3컵, 멸치액젓 3큰술
새우젓 2큰술, 다진 마늘 3큰술, 다진 생강 1½큰술, 매실액 1/2컵, 소금 1큰술

만들기

1. 배추는 다듬어 뿌리 부분에 칼집을 넣은 뒤 손으로 반을 쪼갠다.

2. 절임용 소금의 절반은 2L 정도의 물에 풀어 준비한다.

3. 배추를 소금물에 담가 적신 후 배추 잎 사이사이 흰 줄기 부분에 소금을 뿌려 자른 단면이 위로 오도록 담아 무거운 것을 올려놓아 절인다.

4. 3~4시간 뒤 배추의 위치를 위아래로 바꿔 3시간 정도 더 절인 후 깨끗한 물에 2~3회 정도 씻어 채반에 엎어서 물기를 뺀다.

5. 무는 채 썰어 고춧가루와 멸치액젓을 넣고, 새우젓도 다져 함께 버무린다.

6. 양파, 배는 채 썰고, 갓과 미나리는 손질하여 4cm 정도 길이로 자르고 대파는 얇게 어슷 썰기하여 무채와 나머지 양념류를 넣고 버무린다.

7. 절인 배추 잎 사이사이에 김치소를 고루 펴 넣고 겉잎으로 돌려 싼다.

8. 김치를 담은 그릇 위는 배추우거지로 덮고, 양념 버무린 그릇에 물 반 컵 정도와 소금을 넣어 김칫국을 만들어 붓고 뚜껑을 꼭 닫아 숙성시킨다.

- 지역에 따라 찹쌀풀이나 밀가루풀을 쑤어 양념한다.
- 계절에 따라 생새우나 굴 등의 해산물을 넣기도 한다.
- 대파 대신 실파를 넣거나 부추, 청각 등의 부재료를 넣을 수도 있다.
- 남쪽 지방이 기온이 높기 때문에 짜게 절이고 양념류가 많이 들어간다.
- 절이는 소금양은 배추 무게의 10~15% 정도 사용하면 좋다. 절임물 사용량이 많으면 소금을 더 사용한다.

백김치

고춧가루나 젓갈류를 사용하지 않기 때문에 자칫 군내가 나기 쉬운데 이를 막기 위해 배와 밤을 넣는 것이 좋다. 특히 배즙으로 국물을 만들어 부으면 시원하고 맛이 달착지근하다.

재료

배추 1포기(2.4kg), 물 2L, 굵은소금 2컵

김칫국

물 5컵, 소금 1큰술, 무 1/3개(300g), 배 1/4개, 미나리 25g, 실파 30g, 청갓 25g
밤 5개, 대추 3개, 표고버섯 2장, 석이버섯 1g, 잣 1큰술, 새우젓 2큰술, 마늘 3개
다진 생강 5g, 실고추 5g

만들기

1. 배추는 뿌리 밑동과 겉잎을 떼어내고 길이로 반쯤 칼집을 넣어 손으로 쪼갠다.
   굵은소금의 절반은 물에 녹여 배추를 적시고 나머지 반은 배추 사이사이에 뿌려 절인다.
2. 자른 단면이 위로 오게 하여 3시간 뒤 위아래를 바꿔놓고 3시간 정도 더 절인 후 물에 씻어 채반에 밭쳐 물기를 뺀다.
3. 무와 배는 길이 4cm 정도로 채를 썰고, 미나리, 실파, 청갓도 깨끗이 씻어 4cm 길이로 썬다.
4. 밤은 껍질을 벗기고 표고버섯, 석이버섯 모두 손질하여 곱게 채 썬다. 잣은 고깔을 떼고 면포로 닦는다.
5. 새우젓은 곱게 다지고, 마늘과 생강도 곱게 채 썰고, 실고추는 2~3cm 길이로 자른다.
6. 배추를 제외한 모든 재료를 섞어 소를 만든다.
7. 절인 배추 잎사귀 하나하나에 양념을 바르고 김치가 풀리지 않도록 잘 감싸 말아 항아리에 담고 김칫국으로 그릇을 헹구어 위에 붓는다.

Tip

- 붉은 배추김치보다 빨리 쉬므로 많이씩 담그지 않는다.
- 국물이 잘박하게 생기는 김치이다.
- 대파 대신 실파를 넣거나 부추, 청각 등의 부재료를 넣을 수도 있다.

열무김치

열무는 '어린 무'를 뜻하는 '여린 무'에서 유래한 것으로 주로 김치를 담가 먹으며 물김치나 비빔밥의 재료로도 사용된다.

재료

열무 1kg, 소금 3큰술, 쪽파 25g, 청고추 1개, 홍고추 1개

밀가루풀
밀가루 1큰술, 물 1/2컵

양념
홍고추 2개, 고춧가루 3큰술, 멸치액젓 2큰술, 설탕 1/2큰술, 다진 마늘 1큰술, 다진 생강 1작은술

만들기

1. 열무는 손질하여 길이 4~5cm 정도로 잘라 씻은 후, 소금을 뿌려 1시간 정도 절인 다음 체에 밭친다.
2. 파는 손질한 뒤 씻어 4cm 길이로 썰고, 청 · 홍고추도 어슷 썬다.
3. 양념재료를 믹서에 넣고 갈아 밀가루풀을 섞어 양념을 만든다.
4. 절인 열무에 양념과 실파, 청 · 홍고추를 넣고 살살 버무려 항아리에 담는다.
5. 버무린 그릇에 약간의 물을 부어 김칫국을 위에 붓는다.

- 열무는 힘주어 씻거나 버무리면 풋내가 날 수 있으므로 살살 씻어 버무린다.
- 밀가루풀 대신 감자나 보리를 삶아서 풀을 쑤어도 맛이 좋다.
- 국물에 물 대신 다시마물을 부어 물김치로 만들기도 한다.

깍두기

무는 소화 흡수를 촉진하고 장내 노폐물을 청소해 주며, 해열효과가 있고 기침이나 목이 아플 때도 효과가 있다. 비타민도 풍부한데 속보다는 껍질부분에 2배 정도 많다.

재료

무 1개(1.5kg), 소금 1½큰술, 쪽파 50g, 미나리 50g

양념
고춧가루 3큰술, 새우젓 1큰술, 다진 마늘 1큰술, 다진 생강 1작은술
소금 1작은술, 액젓 1큰술, 매실액 1큰술

만들기

1. 무를 손질하여 가로세로 2.5cm로 썰어 소금과 설탕에 1시간 정도 절여 체에 밭친다.

2. 쪽파와 미나리는 다듬어 씻어 3cm 길이로 썬다.

3. 절인 무에 고춧가루로 색을 내고, 곱게 다진 새우젓에 양념재료를 모두 섞어 버무린다.

4. 항아리에 꼭꼭 눌러 담는다.

- 가을무는 단단하므로 절이지 않고 담근다.
- 여름무는 맛이 떨어지고 수분이 많기 때문에 절일 때 설탕을 조금 넣어 절이기도 한다.
- 예전에 서울에서 곤쟁이젓을 넣어 담근 깍두기를 '감동젓무'라고도 한다.
- 궁중에서는 깍두기를 '송송이'라 했다.

총각김치

총각김치는 어리고 단단한 무를 거친 고춧가루로 양념을 빡빡하게 버무려 담근다.
총각무는 일명 '알타리무'라고도 하며 작고 무청이 길게 늘어져 있어 생김새가 총각의 머리와 같다 고 해서 '총각무'라고도 한다.

재료

총각무 2.6kg, 물 2컵, 굵은소금 1컵(160g), 쪽파 200g

찹쌀풀
물 1컵, 찹쌀가루 2큰술

양념
고춧가루 3/4컵, 다진 마늘 3큰술, 다진 생강 1/2큰술, 멸치액젓 3큰술
새우젓 3큰술, 소금 1작은술, 양파즙 3큰술, 설탕 2큰술

만들기

1. 총각무의 잔뿌리는 자르고, 무와 연결된 부분은 긁어내어 다듬어 씻는다.

2. 물 2컵에 굵은소금 반컵을 타서 총각무를 절이고 나머지 소금은 켜켜이 뿌려 3시간 정도 절인 뒤 헹궈서 체에 밭친다.

3. 무에서 1.5cm만 남겨놓고 줄기를 썰고 무를 길이로 4등분한다.

4. 찹쌀풀을 쑤어 식히고, 쪽파는 4cm 길이로 썰고, 곱게 다진 새우젓, 양념재료를 섞어 양념을 만든다.

5. 총각무에 양념과 쪽파를 넣고 고루 버무려 항아리에 담는다.

- 총각무는 뿌리 밑동이 위쪽보다 퍼지고 살이 통통하고 고우며 무청이 짤막하고 싱싱한 것이 좋다.
- 너무 크지 않은 것이 좋은데 큰 것은 2~4 등분하여 절인다.

오이소박이

오이는 비타민 C와 A가 풍부하게 함유되어 있어 피부 미용에 좋다.
수분이 많고 이뇨작용에 효과적이다.

재료

백오이 3개(600g), 소금 2큰술, 부추 50g

소금물

물 3컵, 소금 2큰술

국물

물 3큰술, 소금 1/4작은술

양념

새우젓 1큰술, 고춧가루 2큰술, 멸치액젓 1큰술, 다진 파 2큰술, 다진 마늘 1큰술, 다진 생강 1작은술

만들기

1. 오이를 소금으로 비벼 씻은 뒤 6cm 크기로 잘라, 밑부분 1cm만 남기고 위에 十로 칼집을 낸다.

2. 오이를 끓는 물에 잠깐 데친 뒤 소금물에 1시간 정도 절인다.

3. 부추는 깨끗이 씻어 물기를 제거하고 1cm 길이로 썬다.

4. 새우젓을 곱게 다져 양념을 모두 섞은 후 부추를 넣고 버무린다.

5. 절인 오이에 양념을 넣고 국물을 만들어 붓는다.

- 오이를 끓는 물에 데치면 무르지 않고 아삭하게 만들 수 있다.
- 오이소박이는 토막내지 않고 통으로 칼집을 넣어 만들기도 한다.
- 오이 두께가 굵으면 속에 씨가 생겨 좋지 않다.

오이백김치

오이는 상큼한 맛과 향이 으뜸이며 수렴효과가 높고 진정작용이 있다.

재료

백오이 3개(600g), 소금 2큰술, 무 100g, 부추 30g, 홍고추 1개

소금물 물 3컵, 소금 2큰술

국물 물 1큰술, 소금 1작은술

양념 배 1/2개, 양파 1/2개, 새우젓 1/2큰술, 다진 마늘 1큰술, 다진 생강 1작은술

만들기

1. 오이를 소금으로 비벼 씻은 뒤 4cm 길이로 잘라, 밑부분 1cm만 남기고 위에 十로 칼집을 낸다.

2. 오이를 끓는 물에 잠깐 데친 뒤 소금물에 1시간 정도 절인다.

3. 무는 3cm 길이로 곱게 채 썰고, 부추, 홍고추도 같은 길이로 채 썬다.

4. 믹서에 배, 양파, 새우젓을 넣고 갈아 면포에 짠 다음 국물에 다진 마늘과 생강을 넣고 무채, 부추, 홍고추를 섞어 소를 만든다.

5. 절인 오이에 소를 넣고 국물을 만들어 붓는다.

- 오이의 속을 가득 채워야 맛이 조화롭다.
- 오이는 백오이를 사용하면 아삭하고 무르지 않는다.
- 오이김치류는 빨리 쉬므로 조금씩 담가 먹는다.

쪽파김치

쪽파는 음식의 영양가를 높여주고 맛을 좋게 하는 채소로 특색이 있으나, 일반채소가 알칼리성인 데 비해 파는 유황이 많은 산성식품이다.
씹히는 맛과 향이 좋아 양념이나 부재료로 많이 쓰인다.

재료

쪽파 1kg, 멸치액젓 1컵
양념장 고춧가루 2/3컵, 다진 마늘 2T, 다진 생강 1/2큰술, 배즙 1/2컵
설탕 1큰술, 통깨 1큰술

만들기

1. 쪽파를 다듬어 깨끗이 씻은 후 물기를 빼고 액젓에 1시간 정도 절인 다음 체에 밭쳐 액젓은 받아둔다.

2. 고춧가루에 액젓을 붓고 10분 정도 불린 후 나머지 양념을 넣어 섞는다.

3. 쪽파에 양념을 살살 발라가며 버무린다.

4. 한번 먹을 양만큼 돌돌 말아 놓는다.

Tip

- 파는 일 년 내내 먹을 수 있으나 겨울에서 봄에 걸쳐 나오는 것이 맛이 좋다.
- 한 달 정도 푹 익혀서 먹는 것이 좋기 때문에 간을 짭짤하게 맞춘다.
- 갓과 함께 담그면 향이 어우러져 맛이 좋다.

씀바귀김치

우리나라 전국의 들에서 볼 수 있는 식물로 꽃은 5~7월에 핀다. 봄에 뿌리와 어린잎을 캐서 먹는 대표적인 봄나물이라고 할 수 있다. 한방에서는 폐렴, 간염, 소화불량 등에 치료제로 쓰인다.

재료

씀바귀 150g, 물 3컵, 굵은소금 3큰술, 실파 30g

양념장 고추장 3큰술, 고춧가루 1작은술, 다진 파 1큰술, 다진 마늘 1/2큰술
설탕 2큰술, 통깨 1큰술, 식초 2큰술

만들기

1. 씀바귀를 깨끗이 씻어 소금물에 넣고 1시간 정도 절인 후 체에 밭쳐 물기를 뺀다.
2. 실파는 3cm 길이로 썬다.
3. 양념장을 만들어 씀바귀와 실파를 넣고 버무린다.

- 경상도에서는 속새김치라고도 한다.
- 소금물에 3일 정도 삭혀서 담그거나 끓는 물에 살짝 데쳐서 담그기도 한다.
- 고추장 대신 찹쌀풀을 쑤어 고춧가루를 풀어 담가도 좋다.

고들빼기김치

특유의 쓴맛이 입맛을 돋우어주고 여름날 더위를 잊게 해주며, 비타민이 풍부하고 소화기능을 좋게 한다.

재료

고들빼기 500g, 쪽파 30g, 통깨 1큰술

절임용 소금물 물 1L, 소금 50g

찹쌀풀 찹쌀가루 2큰술, 물 1/2컵

양념 고춧가루 5큰술, 멸치액젓 3큰술, 다진 마늘 1큰술, 다진 생강 2작은술, 설탕 1큰술

만들기

1. 고들빼기는 손질하여 씻고 물기 빼서 소금물을 한두 번 갈아주며 7일 정도 삭힌 다음 깨끗한 물에 씻어 채반에 밭쳐 물기를 뺀다.

2. 쪽파는 손질하여 길이 3cm 정도로 자른다.

3. 찹쌀풀을 쑤어 양념재료를 섞어 양념을 만든다.

4. 고들빼기에 양념과 실파를 넣어 버무리고 통깨를 넣는다.

- 멸치젓 대신 황석어젓을 사용할 수 있다.
- 고들빼기는 뿌리째 사용한다.
- 황태나 다시마 우린 물에 풀을 쑤면 더욱 맛이 좋다.
- 무말랭이와 함께 담가도 좋다.

갓김치

갓에는 황산화물질인 카로티노이드가 풍부하게 함유되어 있어 노화방지에 좋다.
갓은 특유의 맛과 향이 있어 식욕을 돋우며 젓갈이 듬뿍 들어간 전라도 대표 김치이다.

재료

갓 500g, 절임용 소금 2큰술
밀가루풀 밀가루 1큰술, 물 1/2컵
양념 멸치액젓 3큰술, 고춧가루 4큰술, 다진 파 2큰술, 다진 마늘 1큰술, 다진 생강 1/2큰술
매실효소 1큰술, 통깨 1큰술

만들기

1. 갓을 다듬어 깨끗이 씻어 소금을 고루 뿌린 다음 위아래를 두세 차례 바꾸어 약 2시간 정도 절인 후 깨끗이 씻어 채반에 밭친다.

2. 고춧가루에 멸치액젓을 섞어 잠시 두어 불어나면 밀가루풀과 양념재료를 넣어 걸쭉한 김치양념을 만든다.

3. 절인 갓을 4~5줄기씩 양념을 고르게 발라 말아서 항아리에 담는다.

4. 한 달 이상 두었다가 잘 익으면 꺼내어 썰어서 그릇에 담아 낸다.

- 갓김치는 전라도 지역의 향토음식이며 돌산갓이 유명하다.
- 멸치액젓이 넉넉히 들어가므로 짜게 절이지 않는다.
- 갓김치는 오래 익혀서 먹어야 맛이 좋다.

나박김치

나복저(蘿蔔菹)라고도 한다. 무를 얄팍하고 네모지게 썰어서 소금에 절였다가 건져서 고춧가루로 빨갛게 물들인 김치이다.

재료

무 300g, 배추 200g, 절임용 소금 1큰술, 미나리 30g, 실파 30g
마늘 2개, 생강 5g, 붉은 고추 1/2개

김칫국 물 5컵, 고춧가루 2큰술, 소금 1큰술, 설탕 1작은술

만들기

1. 무와 배추는 다듬어 씻어 가로 3cm, 세로 2.5cm, 두께 0.3cm로 나박 썬다.

2. 배추에 소금을 뿌려 10분 정도 절이다가 무를 넣고 10분 정도 더 절여 체에 밭쳐 절인 소금물은 받아둔다.

3. 미나리는 잎을 떼어내어 씻고, 실파도 다듬어 씻은 후 길이 3cm 정도로 자른다.
마늘과 생강은 곱게 채 썰고, 붉은 고추도 반으로 갈라 씨를 빼고 길이 3cm, 두께 0.3cm 정도로 채 썬다.

4. 면포에 고춧가루를 담아 물에 넣고 주물러 색을 들이고 절인 소금물과 소금, 설탕을 넣어 간을 맞춘다.

5. 무와 배추, 미나리, 실파, 마늘, 생강, 홍고추를 고루 섞어 버무려 그릇에 담은 후 김칫국을 붓는다.

- 마늘과 생강은 다져서 면포에 감싸 즙을 내어 쓰기도 한다.
- 김칫국의 색이 너무 옅거나 진하지 않도록 한다.
- 무보다 배추 절이는 시간이 더 오래 걸린다.
- 소금 대신 간장으로 절여 장김치를 담그기도 한다.

장김치

간장에 절인 배추와 무를 여러 가지 부재료와 섞어 간장으로 양념하여 익힌 물김치로 주로 떡과 곁들여 먹는다.

재료

배추 200g, 무 150g, 절임용 간장 5큰술, 미나리 30g, 밤 4개, 배 1/4쪽
건표고버섯 2개, 석이버섯 3g, 마늘 2개, 생강 5g, 잣 5g, 실고추 약간

김칫국
물 5컵, 설탕 1큰술, 소금 1큰술

만들기

1. 배추와 무는 손질하여 가로세로 2.5cm 정도, 두께 0.3cm 정도로 나박 썰기한다.
2. 배추에 간장을 넣고 절이다가 무를 넣어 절인 다음 간장물을 따라낸다.
3. 미나리는 잎을 떼어내고 씻어 길이 3cm 정도로 자르고, 밤은 편으로 썰고, 배는 무와 같은 크기로 썰고, 표고버섯과 석이버섯은 채로 썬다.
4. 마늘은 곱게 채로 썰고 생강은 즙을 낸다.
5. 손질한 재료를 모두 섞어 버무린다.
6. 물에 절였던 간장물을 붓고 설탕과 소금으로 간하여 국물을 만든다.
7. 그릇에 김치재료를 담고 김칫국을 붓는다

- 배추가 무보다 절이는 시간이 더 걸리므로 배추를 절이다가 무를 넣는다.
- 설탕 대신 매실발효액 등을 사용해도 좋다.
- 국물에 간장색이 너무 진하지 않도록 하고 나머지는 소금으로 간을 맞춘다.

동치미

물기가 많은 무를 골라 껍질이 있는 채로 깨끗한 무를 잠깐 절여 국물을 흥건하게 해서 담근 김치로 오랫동안 저장해 두고 먹는 김장김치다.

재료

무 2~3개(2kg), 절임소금 3큰술, 실파 30g, 갓 20g, 청각 30g, 마늘 5쪽
생강 1톨, 배 1/4개, 삭힌 고추 2개

소금물
물 5L, 소금 2/3컵

만들기

1. 무의 잔털을 자르고 깨끗이 씻어 절임소금에 굴려 2일 정도 절인다.
2. 실파는 씻어 3줄기씩 타래로 묶고, 갓은 깨끗이 씻어 물기를 뺀다.
3. 청각은 깨끗이 씻고, 마늘과 생강은 편으로 썰어 베주머니에 담는다.
4. 배는 2등분한다.
5. 절인 무에서 나온 소금물과 준비한 소금물을 섞어 간을 맞춘다.
6. 용기 바닥에 베주머니를 넣고 무를 담은 후 실파, 갓, 배, 삭힌 고추를 넣은 뒤 소금물을 붓고 무거운 것으로 눌러 익힌다.

- 무는 작고 단단한 것으로 준비하고, 껍질을 벗기지 않고 깨끗이 닦아 준비한다.
- 동치미는 낮은 온도에서 천천히 익혀야 맛이 좋다.
- 붉은 갓을 넣으면 동치미국물에 붉은색을 낼 수 있다.

CHAPTER

03

젓갈류

- 오징어젓 • 어리굴젓 • 새우젓
- 조개젓 • 황석어젓

오징어젓

오징어젓갈은 오징어가 제철인 6~8월경에 담그는 것이 좋다.
오징어는 고단백, 저칼로리 식품으로 건강과 미용에 좋은 식품이다.

재료

오징어 1마리(300g 정도), 절임용 소금 2큰술, 청고추 1개, 홍고추 1개

양념
고운 고춧가루 2큰술, 다진 마늘 1큰술, 다진 생강 1/2작은술, 물엿 1큰술
멸치액젓 1작은술, 참기름 1큰술

만들기

1. 오징어는 반을 갈라 내장을 제거하고 깨끗이 씻어 소금을 뿌린 뒤 10시간 정도 절인 후 물에 헹군다.
2. 청 · 홍고추는 씨를 빼고 어슷 썬다.
3. 절인 오징어를 채 썰어 고운 고춧가루에 버무린 후 청 · 홍고추와 나머지 양념을 모두 넣고 버무린다.
4. 항아리에 담고 냉장고에 2~3일 동안 숙성시킨 다음 먹을 때 참기름에 무쳐 먹는다.

- 오징어를 절일 때 청주를 약간 넣어도 좋다.
- 생오징어를 손질하여 멸치액젓에 절여 만들 수도 있다.
- 무를 채 썰어 절여서 함께 넣기도 한다.

어리굴젓

충청도 향토음식의 하나로 생굴에 소금과 고춧가루를 버무려 담근 젓갈로 고춧가루를 사용한다는 것이 일반 굴젓과 다른 점이다. 굴은 바다에서 나는 우유라고 불릴 만큼 영양가가 우수하다.

재료

생굴 300g, 소금 3큰술, 무 60g, 배 1/8개, 밤 2개

소금물 물 1L, 소금 1큰술

양념 고운 고춧가루 2큰술, 다진 파 2큰술, 다진 마늘 1큰술, 다진 생강 1작은술
통깨 1작은술

만들기

1. 생굴은 소금물에 살살 흔들어 씻어 채반에 밭쳐 물기를 뺀 다음 하루 정도 소금에 절인다.
2. 무는 가로세로 1.5cm, 두께 0.3cm 정도로 나박 썰기하고, 배와 밤도 같은 크기로 썬다.
3. 무와 배, 밤에 고춧가루를 넣고 버무려 색을 들인다.
4. 절인 굴에 무와 배, 밤, 파, 마늘, 생강을 넣고 잘 버무려 항아리에 담아 일주일 정도 숙성시킨다.

- 생굴을 20% 정도의 소금에 절여 한 달 정도 발효시킨 뒤 양념을 섞어 만들기도 한다.
- 생굴은 11~3월 사이가 가장 맛있고, 5~8월에는 산란기로 독성이 있으므로 좋지 않다.
- 어리굴젓은 서해안 지방에서 많이 나는데, 서산의 어리굴젓은 신선한 굴에 무나 배와 같은 재료를 함께 버무려 금방 먹는다.

새우젓

새우에 소금을 뿌려 젓갈을 담그는 것. 새우젓은 하해(蝦醢), 백하해(白蝦醢), 백하(白蝦)젓, 세하(細蝦)젓이라 하며 줄여서 새젓이라고도 한다.

재료

생새우 500g, 천일염 100g

소금물 물 1L, 소금 1큰술

만들기

1. 연한 소금물에 새우를 살살 흔들어 씻은 후 소쿠리에 건져 물기를 뺀다.

2. 병이나 작은 항아리에 새우와 소금을 켜켜이 담고 웃소금을 뿌려 덮은 다음 냉장고에서 2개월 정도 숙성시킨다.

Tip

- 새우를 씻을 때 연한 소금물에 씻어야 숙성 도중 맛이나 색이 변하지 않는다.
- 숙성된 새우젓은 김치 담글 때 사용하거나 국이나 찌개의 간을 맞출 때, 돼지고기 양념장 등으로 사용된다.
- 새우는 잡히는 계절에 따라 1~2월은 동백하젓, 3~4월은 춘젓, 5월에 잡은 것은 오젓, 유월은 육젓, 7~8월은 자젓, 9~10월은 추젓이라 하고 6월에 살이 통통하게 오를 때 잡은 것을 상급으로 친다.
- 담그는 계절에 따라 소금양이 조금씩 다르다.

조개젓

조개젓은 초여름에 담그는 것이 가장 맛있다. 바지락 · 대합 · 모시조개 등을 살만 발라 푹 삭힌 후 조금씩 꺼내 양념해서 먹는다. 조개에는 칼슘 · 인 · 철분 · 비타민 A 등이 풍부하다.

재료

바지락 조갯살 300g, 소금 3큰술
연한 소금물 물 1L, 소금 1큰술
양념 풋고추 2개, 홍고추 1개, 고춧가루 2큰술, 다진 파 3큰술, 다진 마늘 1큰술
다진 생강 1/2큰술, 청주 1큰술, 깨소금 1큰술

만들기

1. 조갯살은 연한 소금물에 살살 흔들어 씻어 체에 밭쳐 물기를 뺀다.
2. 조갯살에 소금을 넣고 잘 섞은 후 2주일 정도 삭힌다.
3. 풋고추와 홍고추는 씨를 뺀 후 굵게 다진다.
4. 삭힌 조개젓을 체에 밭쳐 흐르는 물에 살짝 헹구어 물기를 뺀다.
5. 물기가 충분히 빠진 조개젓에 준비한 양념류를 넣고 잘 버무린다.

Tip

- 조갯살로는 바지락, 대합, 동죽, 모시조개 등을 사용한다.
- 소금에만 절였다가 먹을 때 양념에 버무려 먹을 수도 있다.
- 물기를 잘 빼서 담가야 비린내가 나지 않는다.
- 조개젓은 5~6월에 담그는 것이 맛이 좋다.

황석어젓

황석어는 참조기의 일종으로 배에 노란빛이 많이 난다.
황석어젓갈은 주로 서울 · 경기 · 황해도 · 충청도 일원에서 많이 사용하며 봄철에 담가 3개월 이상 발효시켜서 양념하여 먹거나 김장에 넣기도 한다.

재료

황석어 1kg, 소금 250g
소금물 물 2L, 소금 2큰술

만들기

1. 황석어는 소금물에 가볍게 흔들어 씻어 체에 밭친다.

2. 황석어젓 담을 그릇은 깨끗이 닦아 물기를 말린다.

3. 황석어에 소금 150g을 넣고 잘 섞은 후 용기에 담고 남은 소금을 위에 뿌린다.

4. 석 달 정도 지나면 양념하여 먹는다.

- 황석어는 소금물에 씻기도 하지만 씻지 않고 그냥 담그기도 한다.
- 조기젓을 담글 경우 아가미에 소금을 넣고 버무려 담근다.
- 황석어젓이나 조기젓을 담글 경우 소금을 20~25% 정도 넣는다.

CHAPTER
04

장아찌류

- 고추장아찌 • 버섯장아찌 • 마늘장아찌 • 두릅장아찌
- 매실장아찌 • 곰취된장장아찌 • 더덕장아찌 • 알타리무장아찌
- 오이지 • 두부간장장아찌 • 황태장아찌 • 멸치장아찌

고추장아찌

하루에 풋고추 3~4개면 필요한 비타민 C를 충족시킬 정도로 영양가가 풍부하며, 항산화효과가 있다.

재료

풋고추 600g

양념장 간장 1컵, 식초 1컵, 물 2컵, 설탕 1컵

만들기

1. 풋고추를 깨끗이 씻어 물기를 빼고, 꼭지는 1cm를 남겨 자르고 꼬치로 구멍을 2~3개 낸다.

2. 냄비에 간장, 식초, 물, 설탕을 붓고 끓여 식힌다.

3. 용기에 고추를 넣고 양념을 붓는다.

Tip

- 소금물에 삭혔다가 간장양념장을 붓거나 고추장이나 된장에 넣기도 한다.
- 여름 고추보다 끝물에 나오는 작은 고추로 담그는 것이 좋다.
- 지역마다 다양한 조리법이 있다.

버섯장아찌

생표고버섯보다 더 깊은 향과 맛을 내는 건표고버섯은 음식의 맛에 감칠맛을 더해준다. 비타민 D의 함유량이 많아 골격 형성에 도움이 된다.

재료

건표고버섯 100g, 양송이버섯 100g
양념장 간장 1컵, 설탕 1/2컵, 물엿 1/3컵, 다시물 1컵
청주 5큰술, 식초 1/3컵

만들기

1. 말린 표고버섯은 미지근한 물에 불린 후 물기를 짜고 기둥을 떼어낸다.

2. 양송이는 살짝 씻어서 물기를 말린다.

3. 냄비에 간장, 설탕, 물엿, 다시물, 청주, 식초를 붓고 함께 끓인다.

4. 용기에 버섯을 담고 한 김 식힌 양념장을 부어 일주일 정도 숙성시킨다.

5. 일주일 뒤 국물을 따라내고 끓여 식혀 붓는다.

- 생표고버섯을 사용해도 좋다.
- 말린 표고버섯은 완전히 물에 불린 후 물기를 꼭 짜서 사용한다.
- 먹을 때는 길이로 얇게 썰어 설탕, 참기름, 통깨 등으로 양념하여 먹는다.

마늘장아찌

장아찌를 담글 때는 하지(夏至) 전에 캔 것으로 껍질이 연한 마늘이 좋다.
껍질과 대에 푸르고 붉은빛이 약간 도는 것으로 간장장아찌를 담그면 맛있다.

재료

통마늘 500g
찹쌀죽 식초 2컵, 물 2컵, 간장 1컵, 설탕 1컵, 소금 4큰술

만들기

1. 마늘은 뿌리를 잘라내고 겉껍질을 벗긴 뒤 줄기는 1cm 정도만 남기고 잘라 물에 빨리 씻어 말린다.

2. 유리병에 물기를 없앤 마늘을 담고 식초와 물을 부은 다음 7~10일 정도 삭힌다.

3. 마늘은 체에 거르고 식초물은 냄비에 부은 다음 간장과 설탕, 소금을 넣고 한소끔 끓여 식힌다.

4. 유리병에 마늘을 담고 끓인 양념장을 부은 뒤 7일 후에 다시 간장물을 따라 끓여 식혀 붓는다.

5. 7일 정도 숙성하여 먹는다.

- 마늘을 깔 때 상처가 나지 않도록 하고 씻은 다음에는 물기를 완전히 없앤다.
- 마늘은 껍질을 까서 낟알로 담글 수도 있다.
- 간장 대신 소금으로만 간하여 하얗게 담글 수도 있다.

두릅장아찌

두릅은 이른 봄 두릅나무의 새순을 채취한 것으로 맛과 향, 영양이 풍부하여 '산채의 왕'이라고도 한다.

재료

두릅 500g
찹쌀죽 간장 1/2컵, 식초 1/2컵, 설탕 1/2컵, 물 1컵

만들기

1. 두릅은 밑동의 딱딱한 부분을 자르고 가시를 정리한다.

2. 끓는 물에 살짝 데쳐 찬물에 헹군 뒤 체에 밭쳐 물기를 뺀다.

3. 냄비에 간장과 설탕, 물을 붓고 끓어오르면 식초를 붓고 불을 끈다.

4. 밀폐용기에 물기 뺀 두릅을 담고 양념장을 식혀 붓는다.

5. 2~3일 정도 후에 간장물만 따라내어 한번 끓인 뒤 식혀 붓는다.

- 장아찌용 두릅은 너무 어린 것보다는 약간 큰 것이 무르지 않고 좋다.
- 두릅을 데치지 않고 씻어 물기를 뺀 후 간장물이 뜨거울 때 부어서 만들 수도 있다.
- 간장, 설탕, 식초의 비율은 기호에 따라 가감할 수 있다.
- 물 대신 다시마나 황태 우린 물을 사용해도 맛이 좋다.

매실장아찌

매실은 6월 상순에서 중순, 장마철 성숙 직전의 약간 노르스름한 것을 선택하는 게 좋다.
매실은 수분이 약 85%, 당분이 약 10% 정도 함유되어 있으며, 구연산, 사과산, 호박산 등의 유기산이 5%가량 들어 있어 피로회복과 입맛을 돋우는 데 좋다.

재료

매실 500g, 설탕 420g, 고추장 500g
참기름 · 통깨 적당량

만들기

1. 매실을 깨끗이 씻어 물기를 말린 후 꼭지를 떼어낸다.

2. 손질한 매실은 크기에 따라 가로로 4~6등분하고 길이로 칼집을 내어 과육을 벗긴다.

3. 매실과육과 동량의 무게로 설탕에 재워 일주일 정도 지난 후 체에 거른다.

4. 절여진 매실에 고추장을 넣고 버무려 항아리에 담는다.

5. 먹을 때 참기름과 통깨로 양념하여 먹는다.

Tip

- 매실은 과육이 단단한 것을 사용해야 무르지 않는다.
- 매실을 소금물에 하루 정도 절인 후 과육을 벗겨 말려서 고추장이나 간장에 절여 만들 수도 있다.
- 매실을 설탕에 절일 때 하루에 한 번씩 젓는다.

곰취된장장아찌

산채의 여왕이라 불리는 곰취는 한방에서 뿌리, 줄기를 약재로 사용할 정도로 다양한 효능이 있다. 특히 비타민과 베타카로틴이 풍부하여 항암효과가 뛰어나며, 혈액순환 촉진 등에 효과가 있다.

재료

생곰취잎 500g, 된장 2컵, 물엿 1/4컵
매실액 2큰술

만들기

1. 곰취는 줄기째 소금물에 하루 정도 삭혀서 쓴맛을 조금 없애준다. (물 10컵 + 천일염 1컵)
2. 삭힌 곰취는 깨끗하게 헹군 뒤 체에 널어 꾸덕꾸덕하게 물기 없이 말린다.
3. 된장에 물엿, 매실액을 섞어서 된장양념을 만들어 놓고 곰취에 된장을 바르기 쉬운 상태로 준비한다.
4. 곰취 4~5장마다 된장양념을 발라준 후 남은 된장은 위에 듬뿍 덮어준다.
5. 시원한 곳에서 숙성시킨다.

- 꾸덕꾸덕해진 곰취는 한 장 한 장 펴서 장아찌를 담가야 먹을 때 편하다.
- 곰취가 많이 짜면 물엿을 조금 더 넣어준다.
- 곰취를 데쳐서 담그면 부드럽고 빨리 숙성시킬 수 있다.
- 양념간장을 끓여 부어서 만들기도 한다.

더덕장아찌

더덕은 사포닌 성분을 함유하고 있으며, 인과 티아민, 리보플라빈, 단백질 등의 성분을 많이 함유하고 있어 암과 성인병 예방 효과가 있다.

재료

더덕 250g

찹쌀죽 고추장 1컵, 고운 고춧가루 1/4컵, 국간장 1작은술, 매실청 1/2컵
물엿 1작은술

만들기

1. 더덕은 깨끗이 씻어 껍질을 벗기고 소금물에 1시간 정도 담근다.

2. 두꺼운 것은 반으로 잘라 두드리거나, 밀대로 밀어 채반에 밭쳐 살짝 말린다.

3. 양념을 만들어 1/3은 남겨두고 더덕에 넣어 버무린 후 통에 담고 나머지 양념은 위에 덮어 숙성시킨다.

4. 1개월 정도 숙성된 후 먹을 때 다진 파, 다진 마늘, 참기름, 통깨 등으로 양념하여 먹는다.

Tip

- 더덕을 소금에 너무 절이거나 많이 말리면 질겨질 수 있다.
- 양념장은 식성에 따라 간장장아찌나 된장장아찌로 만들 수 있다.
- 된장에 넣었다가 고추장양념에 절여도 맛이 좋다.

알타리무장아찌

알타리무는 총각무라고도 하는데 옛날 총각의 너풀대는 머리와 닮았다고 해서 붙여진 이름이다.

재료

알타리무 500g, 청고추 5개, 홍고추 3개

양념장 간장 1컵, 식초 1컵, 설탕 1/2컵, 물 2컵, 생강 10g

만들기

1. 알타리무는 손질하여 두께 0.5cm 정도로 둥글게 썬다.

2. 청 · 홍고추는 길이 2cm 정도로 잘라 씨를 뺀다.

3. 냄비에 양념재료를 넣고 한소끔 끓여 체에 거른다.

4. 밀폐용기에 준비한 재료를 넣고 양념을 붓는다.

5. 2~3일 정도 지난 후 간장물만 따라내고 한소끔 끓인 뒤 식혀 붓는다.

Tip

- 오이나 양파, 피망 등 다양한 식재료를 함께 넣어도 맛이 좋다.
- 알타리무는 너무 큰 것보다는 중간 크기가 먹기 좋다.
- 매운맛이 좋으면 청양고추를 조금 넣는다.

오이지

삼복더위나 장마철에 대비하여 예전부터 짭짤하게 담가서 시거나 상하지 않게 했던 저장식품이다. 오이는 찬 성질이라 열을 내리므로 인후염과 편도선염에 좋다.

재료

백오이 10개, 소금 1/4컵(세척용), 물 2L, 굵은소금 1컵
양념(오이지 3개) 고춧가루 2큰술, 설탕 1작은술, 참기름 1큰술, 통깨 1큰술

만들기

1. 오이는 소금으로 살살 문질러 흐르는 물에 깨끗이 씻어 물기를 말린다.

2. 냄비에 물을 붓고 소금을 풀어 끓인다.

3. 밀폐용기에 손질한 오이를 담고 끓는 소금물을 오이가 잠기도록 부어 무거운 것으로 눌러 놓는다.

4. 3~4일 뒤 소금물을 따라내고 끓여 식혀서 다시 붓는다.

5. 일주일 정도 지나면 꺼내어 얇게 썰어 찬물에 씻은 후 물기를 꼭 짜서 양념에 버무린다.

- 오이를 씻은 후 물기를 잘 말려서 담아야 골마지가 생기지 않는다.
- 오이지 담는 용기도 끓는 물에 소독하거나 일광 소독하여 준비한다.
- 오이지에 골마지가 끼었을 때는 깨끗이 씻은 뒤 썰어 무친다.

두부간장장아찌

두부는 리놀산을 함유하고 있어 콜레스테롤을 낮추고 식물성 단백질이 풍부하여 흡수율이 높은 고단백 식품이다.

재료

두부 400g

양념장 간장 4큰술, 설탕 4큰술, 물 1컵, 식초 2큰술

만들기

1. 두부는 반으로 잘라 두께 2cm 정도로 썰어 물기를 뺀다.

2. 팬에 기름을 살짝 두르고 두부를 노릇하게 지진다.

3. 냄비에 양념장 재료를 넣고 한소끔 끓여 식힌다.

4. 밀폐용기에 지진 두부를 담고 양념장을 붓는다.

5. 3일 정도 지나 먹는다.

Tip

- 두부는 물기를 최대한 빼서 사용한다.
- 물은 다시마나 황태머리를 우려낸 물로 사용하면 좋다.
- 두부의 물기를 꼭 짜서 살짝 소금 간을 하여 베보자기에 담아 된장항아리에 박아 2~3개월 숙성시키는 방법도 있다.

황태장아찌

황태는 알코올 해독과 간을 보호하는 아미노산이 풍부하게 들어 있는데, 두부의 8배 이상, 우유의 무려 24배 이상 들어 있다.

재료

황태 3마리(200g)

양념장 고추장 1½컵, 고춧가루 3큰술, 매실효소 1컵, 국간장 1큰술, 진간장 2큰술, 조청 1/2컵

만들기

1. 양념장 재료를 잘 섞어 황태에 고루 발라 차곡차곡 쌓는다.

2. 양념장을 조금 남겨 황태 위에 덧바른다.

3. 먹을 때는 한입 크기로 찢어 참기름, 깨소금을 넣어 먹는다.

- 황태는 색이 노랗고 단단한 것을 사용한다. 하얀 것은 기름을 뺀 것이기 때문에 푸석푸석하고 맛이 없다.
- 황태채를 이용해서 담가도 좋다.
- 황태가 너무 마른 경우 청주를 살짝 뿌려 부드럽게 해서 담가도 좋다.
- 먹을 때 참기름과 통깨를 넣어 양념하고, 풋고추나 실파를 썰어 넣어도 좋다.

멸치장아찌

멸치는 등 쪽은 암청색이고, 복부가 은백색으로 비늘이 벗겨지지 않은 것이 좋으며 구수하고 짭조름한 향이 나는 것이 좋다.

재료

중멸치 300g, 고추장 1½컵

만들기

1. 멸치는 내장과 머리를 깨끗하게 제거한 후 마른 팬에 살짝 볶는다.

2. 멸치는 체에 한번 내려 잡티를 제거하고 고추장 1/2컵을 넣어 고루 버무린 후 망에 담는다.

3. 2의 망을 보관용기 밑에 깔고 나머지 고추장을 덮어 한두 달 정도 숙성시킨 후에 먹는다.

Tip

- 고추장박이 장아찌를 할 때 재료를 미리 고추장에 한 번 버무린 후 장아찌를 담그면 고추장의 양을 줄일 수 있다.
- 간장, 다시마물, 청주, 물엿, 양파, 생강, 마늘을 끓인 물로 간장멸치장아찌를 담가도 맛이 좋다.

CHAPTER
05

식혜와 식해

· 식혜 · 조청 · 호박식혜 · 안동식혜 · 가자미식해

식혜

지방에 따라 감주(甘酒), 단술이라고도 하며, 식혜(食醯)는 엿기름 속 당화효소의 작용으로 삭으면서 단맛을 느끼게 하며 식후에 마시면 소화에 도움을 준다.

재료

멥쌀 2컵, 엿기름가루 1컵, 설탕 1컵
잣 1큰술

만들기

1. 멥쌀은 깨끗이 씻어 30분 정도 물에 불려 밥을 한다.

2. 엿기름가루는 물 5컵을 부어 30분 정도 불린 후 주물러 체에 밭치고, 다시 물 3컵을 부어 주물러 체에 밭친 다음 첫 번째 물과 두 번째 물을 합하여 앙금을 가라앉혀 웃물만 따라내어 준비한다.

3. 보온밥솥에 밥과 엿기름물을 3~4시간 넣고 보온한다.

4. 밥알이 떠오르면 밥알은 체에 밭쳐 찬물에 헹군 뒤 물기를 빼고, 식혜물은 설탕을 넣고 끓여 식힌다.

5. 식혜물에 밥알과 잣을 띄워 낸다.

- 엿기름가루는 보리에 물을 뿌려 1cm 정도 싹을 틔워 말린 것으로 겨울에 얼렸다 녹였다를 반복해서 만든 것이 좋다.
- 식혜물을 끓일 때 생강을 약간 넣고 끓이기도 한다.
- 밥은 질지 않게 고두밥으로 하는 것이 좋다.
- 삭히는 시간이 길어져 밥알이 많이 떠오르면 시어질 수 있다.

조청

조청은 곡류를 엿기름으로 당화시켜 오래 고아서 걸쭉하게 만든 묽은 엿으로 누런색이 나고 독특한 엿의 향이 있어 한과류나 조림 등에 많이 쓰인다.

재료

찹쌀 3컵, 엿기름가루 1컵, 설탕 1/2컵

만들기

1. 찹쌀은 깨끗이 씻어 30분 정도 물에 불려 찜솥에 올려 고두밥을 한다.

2. 엿기름가루는 물 5컵을 부어 30분 정도 불린 후 주물러 체에 밭치고, 다시 물 5컵을 부어 주물러 체에 밭친 다음 첫 번째 물과 두 번째 물을 합하여 앙금을 가라앉혀 웃물만 따라내어 준비한다.

3. 보온밥솥에 밥과 엿기름물, 설탕을 붓고 3~4시간 정도 보온한다.

4. 밥알이 떠오르면 면포에 걸려 식혜물과 밥으로 나누고 밥에 물을 약간 붓고 주물러 밥알의 전분을 다 뺀 뒤 꼭 짜서 건더기는 버리고 식혜물을 모아 끓인다.

5. 약불로 1~3시간 정도 가끔 저어가며 끓인다.

6. 엿물에 윤기가 나고 물엿 정도의 농도가 되면 소독한 용기에 담아 식힌다.

Tip

- 식혜를 만들 때보다는 엿기름을 적게 사용한다.
- 식혜물을 끓일 때 거품은 걷어내며 끓인다.
- 조릴 때 생강이나 무, 익힌 꿩고기 등을 넣기도 한다.

호박식혜

단호박은 비타민 A · B_1 · B_2 · C와 카로틴 함량이 높고 식이섬유가 풍부한 저칼로리 식품으로 다이어트와 피부 미용에도 좋다.

재료

멥쌀 2컵, 엿기름가루 1컵, 설탕 1컵, 단호박 300g
잣 1큰술

만들기

1. 멥쌀은 깨끗이 씻어 30분 정도 물에 불려 밥을 한다.

2. 엿기름가루는 물 5컵을 부어 30분 정도 불린 후 주물러 체에 밭치고, 다시 물 5컵을 붓고 주물러 체에 밭친 다음 첫 번째 물과 두 번째 물을 합한 뒤 앙금을 가라앉혀 웃물만 따라내어 준비한다.

3. 보온밥솥에 밥과 엿기름물을 붓고 3~4시간 정도 보온한다.

4. 단호박은 찜통에 찐 후 살만 발라내어 체에 으깨면서 내린다.

5. 밥알이 떠오르면 밥알은 체에 밭쳐 찬물에 헹군 뒤 물기를 빼고, 식혜물은 단호박과 설탕을 함께 끓여 식힌다.

6. 단호박식혜 물에 밥알과 잣을 띄워 낸다.

- 단호박이 많이 들어가면 식혜가 텁텁해질 수 있다.
- 청양고추를 찹쌀고두밥과 엿기름물에 넣고 삭혀 고추식혜를 만들기도 한다.

안동식혜

감주계식혜(甘酒系食醯)가 아닌 감미와 독특한 향미가 있는 붉은색의 저온 발효시킨 음청류(飮淸類)의 하나. 안동을 중심으로 한 경북 북부지방(조선시대 안동부)의 전통적인 음식이다.

재료

찹쌀 2컵, 엿기름가루 2컵, 무 100g, 소금 1작은술
생강 40g, 고춧가루 2큰술

만들기

1. 찹쌀은 깨끗이 씻어 3시간 정도 물에 불려 체에 밭친 뒤 물기를 빼고 찜통에 쪄서 고두밥을 한다.

2. 엿기름가루는 물 5컵을 부어 30분 정도 불린 후 주물러 체에 밭치고, 다시 물 5컵을 붓고 주물러 체에 밭친 다음 첫 번째 물과 두 번째 물을 합하여 앙금을 가라앉혀 웃물만 따라내어 준비한다.

3. 무는 짧게 채 썰거나, 작게 나박 썰기하여 소금에 살짝 절이고, 생강은 껍질을 벗겨 곱게 간다.

4. 엿기름물에 고춧가루를 면포에 넣고 주물러 붉게 물들인 다음 생강즙을 넣는다.

5. 항아리에 무와 고두밥을 넣은 다음 엿기름물을 부어 잘 섞는다.

6. 6시간 정도 따뜻한 곳에서 삭힌 후 밥알이 떠오르면 시원한 곳에 저장한다.

7. 2~3일 정도 지난 후에 먹는다.

Tip

- 기호에 따라 설탕, 밤채, 잣, 볶은 땅콩 등을 띄워 먹는다.
- 경북 안동지방에서 설 명절이나 겨울철 손님을 대접할 때 만들던 음식이다.

가자미식해

기력을 증진시키는 가자미는 단백질이 생선의 평균량인 20%보다 많으며 필수아미노산인 리신이나 트레오닌이 많은 우수한 단백질 식품이다.

재료

참가자미(작은 것) 5마리, 소금 1/3컵, 메좁쌀 1/2컵, 무 100g
엿기름가루 1/3컵, 고춧가루 1/2컵, 다진 마늘 2큰술, 생강즙 1큰술

만들기

1. 참가자미는 비늘을 긁어내고 내장과 머리를 제거하여 소금에 하루 정도 절여 채반에 밭쳐 이틀 정도 꾸덕하게 말려 두께 1cm 정도로 썬다.

2. 무는 굵게 채 썰어 소금에 살짝 절였다가 물기를 꼭 짠다.

3. 엿기름가루는 고운체에 내려 고운 가루만 모은다.

4. 메좁쌀로 밥을 되직하게 지어 소금 간을 한 후 식혀서 가자미, 무, 엿기름가루, 고춧가루, 마늘, 생강즙을 넣어 잘 버무린다.

5. 항아리에 눌러 담아 서늘한 곳에서 2주일 정도 익힌다.

- 가자미는 노란 참가자미로 손바닥만 한 것을 쓰는 것이 좋다.
- 가자미 이외에도 식해 만드는 재료로 명태, 도루묵, 대구, 북어 등이 쓰인다.

쉽게 배우는 한국의 발효음식
Fermented food in Korea

CHAPTER
06

전통주

• 부의주 • 과하주 • 국화주 • 삼해주

부의주

밥풀이 동동 뜨는 맑은 찹쌀술로 경기도 지정 무형문화재를 비롯 전국적으로 가장 널리 빚어지고 있는데, '부의주'라는 원이름보다는 '동동주'라는 이름으로 더 알려져 있다.

재료

찹쌀 1kg, 누룩 100g, 끓여 식힌 물 1.5L

만들기

1. 찹쌀을 깨끗이 씻어 하룻밤 물에 담가 불린 다음 체에 밭쳐 물기를 뺀다.

2. 찜기에 면포를 깔고 찹쌀을 담은 뒤 면포를 덮어 김 오른 찜통에 올려 40분 정도 고두밥을 찐 다음 차게 식힌다.

3. 누룩은 끓여 식힌 물 500ml 정도에 풀어 놓는다.

4. 소독한 용기에 식힌 고두밥과 불린 누룩, 끓여 식힌 물 1L를 부어 잘 섞는다.

5. 25~28℃ 정도에서 하루에 한 번 저어주면서 발효시키고, 술이 끓으면 23~25℃ 정도에서 발효시킨다.

6. 2~3주 뒤 맑은술이 고이고 밥알이 떠오르면 체에 거른다.

Tip

- 술이 발효되기 전에는 이불로 감싸 온도를 25~30℃ 정도로 유지하고 술이 발효되어 끓기 시작하면 조금 서늘한 곳에 둔다.
- 발효가 끝나면 더이상의 가스가 발생하지 않는다.
- 술덧이 부풀어오르며 기포가 올라오는 것을 술이 끓는다고 한다.

과하주

무더운 여름을 탈 없이 날 수 있는 술이라는 뜻에서 얻은 이름이다.
소주는 독하고 약주는 알코올 도수가 낮아 변질되기 쉬워서 만들어진 술이다.

재료

찹쌀 1kg, 누룩 200g, 대추 30g, 곶감 2개, 끓여 식힌 물 1.2L
소주 700ml

만들기

1. 찹쌀은 깨끗이 씻어 하룻밤 불린 후 고두밥을 짓는다.

2. 누룩은 잘게 부수어 끓인 뒤 식힌 물에 불린다.

3. 생강은 얇게 편으로 썰고, 대추는 팬에 살짝 구워 식힌다.

4. 곶감은 손으로 찢어 씨를 뺀 후 소주에 씻는다.

5. 고두밥에 누룩과 생강, 대추, 곶감, 물을 붓고 버무려 항아리에 담는다.

6. 25~28℃ 정도에서 하루에 한 번 저어주면서 발효하고, 단맛이 들면 소주를 붓는다.

7. 23~25℃에서 7~10일 후 맑은술이 고이고 밥알이 뜨면 거른다.

- 혼양주로 여름철 제주로 쓴다.
- 여름이 지나도 변하지 않는다 하여 과하주라 한다.
- 술덧이 부풀어올랐다 가라앉을 때쯤 소주를 붓는다.
- 전에 만들어두었던 좋은 술을 붓기도 하였다.

국화주

우리 조상들이 즐겼던 대표적인 계절주의 하나로 국화는 식용국화인 감국(甘菊)의 꽃과 잎을 모두 사용한다.

재료

밑술 멥쌀 500g, 누룩 100g, 끓여 식힌 물 700ml
덧술 찹쌀 1kg, 누룩 50g, 국화 2g, 물 1.5L

만들기

1. 멥쌀을 깨끗이 씻어 하룻밤 불린 후 고두밥을 지어 차게 식힌다.
2. 누룩을 물에 불려 고두밥과 함께 버무려 항아리에 담아 25℃ 정도에서 3~4일간 발효시켜 밑술을 담근다.
3. 찹쌀을 깨끗이 씻어 하룻밤 물에 불린 후 고두밥을 지어 차게 식힌다.
4. 발효 중인 밑술에 고두밥과 누룩, 국화, 끓여 식힌 물을 넣고 버무려 항아리에 담는다.
5. 25~28℃ 정도에서 하루에 한 번 저어주면서 발효시키고, 술이 끓으면 23~25℃ 정도에서 발효시킨다.
6. 2~3주 뒤 맑은술이 고이면 체에 거른다.

Tip

- 세시주로 음력 구월 중양절에 담가 먹는 세시주이다.
- 지역에 따라 국화와 함께 생지황, 구기자, 감초 등을 함께 달여 술을 빚기도 한다.
- 국화꽃은 생화보다 살짝 쪄서 말린 것을 사용하는 것이 좋다.

삼해주

우리나라 전통주 중에는 술 빚는 시기에 따른 이름의 주품이 있는데 삼해주는 음력으로 정월 첫 해일(亥日) 해시(亥時)에 술을 빚기 시작하여 모두 세 번에 걸쳐 술을 빚는다 하여 삼해주라고 하였다.

재료

밑술 멥쌀 500g, 누룩 350g, 끓는 물 700ml
중밑술 멥쌀 1kg, 밀가루 200g
덧술 멥쌀 1.3kg, 끓여 식힌 물 1.7L

만들기

1. 멥쌀을 깨끗이 씻어 물에 담갔다 건져 가루로 빻아 끓는 물로 익반죽한다.
2. 누룩은 곱게 빻아 익반죽한 것과 고루 섞어 항아리에 담아 10~15℃ 정도에서 3~4주간 발효하여 밑술을 만든다.
3. 멥쌀을 깨끗이 씻어 물에 담갔다 건져 가루로 빻아 밀가루와 섞어 끓는 물로 반죽하여 여러 개의 덩어리로 만들어 끓는 물에 삶아 건져 차게 식힌다.
4. 발효된 밑술에 쌀가루 삶은 덩어리를 잘게 쪼개 넣고 고루 버무린 후 항아리에 담아 3~4주간 발효하여 중밑술을 담는다.
5. 멥쌀을 깨끗이 씻어 물에 불려 고두밥을 지어 차게 식힌다.
6. 중밑술에 고두밥과 물을 섞어 고루 버무린 후 항아리에 담는다.
7. 20일 정도 후에 맑은술이 고이면 거른다.

- 쌀과 누룩으로 해일(亥日)에 두 번 덧술을 하는 방법로 삼해주라 하는데 제조하는 데 100일가량 걸린다고 하여 백일주라고도 한다.
- 겨울철에 담그므로 일반적인 발효온도보다 낮은 온도에서 발효한다.
- 덧술을 두 번 하여 단양주보다 알코올 도수가 조금 더 높다.

CHAPTER

07

식초

• 현미식초 • 포도식초 • 사과식초 • 감식초

현미식초

식초(食醋, vinegar)는 예부터 중요한 조미료로 사용되었다.
식초는 3~5%의 초산과 유기산 · 아미노산 · 당 · 알코올 · 에스테르 등이 함유된 산성식품이다.

재료

현미 400g, 누룩 100g, 엿기름 40g, 생수 1L

만들기

1. 현미를 가볍게 씻은 뒤 생수에 하룻밤(7~8시간) 정도 담가 불린다.

2. 현미가 충분히 불려지면 찜통에 찐다.

3. 현미를 완전히 식힌 다음 누룩가루와 엿기름을 골고루 섞어 항아리에 넣고 생수를 부은 후 입구를 면포로 덮어 고정시킨다. 발효온도는 30℃가 적당하다.

4. 2~3일 지나면 술이 끓기 시작하고 10~15일이 지나면 발효가 끝난다. 이때 걸러 맑은술만 항아리에 담는다.

5. 입구를 거즈로 덮은 뒤 밀봉하여 직사광선을 피하여 서늘한 장소에 보관한다. 일주일간 하루에 한두 번 저어준다.

6. 6개월 정도 지나면 식초가 완성된다.

- 여름에는 초파리가 생기기 쉬우므로 면포를 잘 봉해 놓는다.
- 식초 발효 시 초산균(종초, 식초씨앗, 식초 발효한 찌꺼기)을 넣어주면 좋다.
- 현미식초를 1년 이상 오래 숙성시키면 향과 맛이 깊어지며 색이 검은 흑초가 된다.

포도식초

포도식초는 각종 비타민과 아미노산, 유기산 등을 함유한 건강식품으로 소화액의 분비를 촉진하여 소화작용을 돕고 피로회복, 감기예방, 숙취제거, 간 기능을 강화하는 데 효능이 있다.

재료

포도 2kg, 설탕 200g, 이스트 2g

만들기

1. 포도는 물에 가볍게 알알이 흔들어 씻어 체에 밭쳐 물기를 뺀다.
2. 포도알을 으깨어 설탕과 이스트를 넣고 섞는다.
3. 용기를 소주로 소독하고 포도즙을 담아 면포로 덮어 서늘한 곳에 둔다. 하루에 한두 번, 3~4일 정도 저어준다.
4. 한 달 정도 지나 포도찌꺼기를 걸러내고 포도즙액만 소독한 용기에 담아 숙성시킨다. (면포 위에 10원짜리 동전을 올려 녹색으로 변하면 완성)
5. 3~6개월 정도 지나 작은 병에 나누어 담는다.

Tip

- 포도껍질에 자연효모가 많으므로 함께 담근다.
- 이스트는 포도의 0.2% 정도를 넣는다.
- 초산 발효가 잘 진행되면 표면에 흰색의 얇은 초막이 생긴다.
- 과일식초는 전체 당도가 24% 정도 되도록 설탕을 넣어 담근다.

사과식초

사과식초는 향기로운 냄새를 갖고 사과산이 함유되어 있기 때문에 산미가 조화되어 드레싱, 소스 등의 원료로 쓰인다.

재료

사과 2kg, 레몬 1개, 설탕 200g, 이스트 2g

만들기

1. 사과는 씻어서 물기를 없애고 4등분하여 씨를 제거한다.

2. 사과를 잘게 썰고, 레몬도 썰어 설탕과 이스트를 넣고 버무린다.

3. 용기를 소주로 소독하고 사과즙을 담아 면포로 덮어 서늘한 곳에 둔다. 하루에 한두 번, 3~4일 정도 저어준다.

4. 3달 정도 지나 찌꺼기를 걸러내고 사과즙액만 소독한 용기에 담아 숙성시킨다. (면포 위에 10원짜리 동전을 올려 녹색으로 변하면 완성)

Tip

- 이스트 대신 천연식초나 식초를 만들고 난 찌꺼기를 넣어주면 좋다.
- 초산 발효는 호기성이므로 밀봉하지 않는다.
- 사과는 잘 익고 당도가 높은 것이 좋다.

감식초

타닌과 아스코르브산(비타민 C)이 풍부해서 음식물의 산성농도를 저하시켜 보존력을 높이고, 신맛을 통해 소화액의 분비를 자극시켜 입맛을 돋우며, 인체의 에너지 대사에 관여하여 피로회복에 좋다.

재료

홍시 10개

만들기

1. 홍시는 깨끗이 씻은 다음 꼭지를 떼어내고 물기를 말린다.

2. 굵은 체에 밭쳐 씨와 껍질을 걸러내고 유리병에 담아 24℃ 정도에서 10일 정도 발효시킨다. (알코올 발효)

3. 감 찌꺼기가 떠오르면 걸러내고 다시 유리병에 담아 면포로 덮은 후 25~30℃에서 한 달 정도 발효시킨다. (초산 발효)

4. 발효가 끝나면 70~80℃에서 10분 정도 살균하여 병입한다.

Tip

- 홍시가 달지 않으면 처음에 설탕을 조금 넣는다.
- 종초균이나 전에 만든 감식초를 약간 넣으면 초산 발효가 잘된다.
- 단감으로도 식초를 만들 수 있다.
- 누룩을 조금 넣으면 발효가 빨리 일어난다.

CHAPTER

08

치즈

• 리코타치즈 • 모차렐라치즈

리코타치즈

재료

우유 1000ml, 생크림 500ml, 레몬즙 5~6큰술, 소금 1작은술

만들기

1. 냄비에 우유와 생크림을 붓고 중불에서 저어가며 천천히 온도를 올린다.
2. 우유가 끓어오르기 시작하면 약불로 줄이고 레몬즙과 소금을 넣고 주걱으로 한두 번만 젓는다. 많이 저으면 치즈 덩어리가 작게 만들어진다.
3. 유청이 분리되기 시작하면 약불에 20분 정도 놔둔다.
4. 면포에 거른 후 체에 밭쳐 유청이 자연스럽게 빠지도록 한다.
5. 유청이 대략 빠지면 냉장고에서 식힌 다음 모양을 성형한다.

Tip

- 생크림을 넣지 않고 우유만으로도 만들 수 있다. 생크림을 넣으면 유지방 함량이 많아져 더 고소하다.
- 레몬즙 대신 화이트식초를 사용할 수 있다.
- 유청을 많이 빼면 단단한 치즈가 되고, 조금 빼면 부드러운 치즈가 된다.

모차렐라치즈

재료

우유(저온살균우유 : 파스퇴르 또는 덴마크우유) 2L
레닛 1/2작은술, 구연산 1작은술

만들기

1. 우유를 중탕하여 32℃가 되도록 한다.

2. 구연산을 넣고 저어준 후 바로 레닛을 넣고 1~2분간 주걱으로 서서히 젓는다.

3. 우유가 응고되도록 20~30분 정도 기다린다.
(응고상태는 순두부처럼 엉키며 약간 형태가 다르기도 함)

4. 응고되어 커드(덩어리)가 생기면 가로, 세로 1.5cm 간격의 바둑판 모양으로 자르고 온도가 42℃가 되도록 한다.

5. 5분 정도 지난 후 주걱으로 서서히 저어 커드를 섞이게 한 후 거름망에 부어 물을 뺀다.

6. 거름망에서 처음엔 자연적으로 빠지도록 두고, 나중엔 손으로 눌러 물을 뺀다.

7. 70~80℃ 정도의 물에 반죽을 넣고 계속 늘렸다 뭉치기를 반복한 후 치즈모양을 성형한다.

- 마지막 단계에서 뜨거운 물에 늘리는 대신 전자레인지에 10~20초 정도 돌려 늘렸다 뭉치기를 반복할 수 있다.

참고문헌

- 굿모닝김치, 윤숙자, 질시루, 2009
- 내 몸을 살리는 천연식초, 구관모, 국일미디어, 2008
- 농촌진흥청 국립식량과학원 http://www.nics.go.kr
- 발효식품, 한영숙 외 7인, 파워북, 2012
- 발효식품학, 이삼빈 외 4인, 효일. 2004
- 발효식품학, 이한창 · 박인숙, 신광출판사, 2006
- 식품과학기술대사전, 한국식품과학회, 광일문화사, 2008
- 식품미생물학, 소명환 외 4인, 도서출판효일, 2006
- 식품재료학, 조재선 외, 광문각, 2012
- 식품저장학, 노봉수 외 4인, 수학사, 2008
- 아름다운 우리술, 윤숙자 · 권희자, 질시루, 2007
- 아름다운 한국음식 300선, 한국전통음식연구소, 2012
- 아름다운 한국음식 300선, 사)한국전통음식연구소, 한림출판사, 2008
- 알고 먹는 우리 식재료 Q&A, 윤숙자 외 2인, 2008
- 어장과 식해의 연구, 김상보, 수학사, 2005
- 외식업체 식재료 규격가이드, 농수산물유통공사, 2009
- 우리가 정말 알아야 할 우리 음식 백가지, 한복진, 현암사, 2005
- 우리술 빚는 법, 박록담, 오상, 2002
- 음식과 요리, 해롤드 맥기, 백년후, 2011
- 음식으로 읽는 한국생활사, 윤덕노, 깊은나무, 2014
- 자연이 만든 음식재료의 비밀, 정이안 지음, 2011
- 전통김치, 안용근 · 이규춘, 교문사, 2008
- 전통저장음식, 전희정 · 정희선, 2009, 교문사
- 제민요술의 菹가 백제의 김치인가에 대한 가설의 접근적 연구 Ⅰ, Ⅱ, 한국식생활문화학회지, 13, 1998

• 한국민속박물관 www.nfm.go.kr
• 한국식품문화사, 이성우, 교문사, 1983
• 한국음식의 음식문화, 이효지, 신광출판사, 2011
• 한국음식의 조리과학성, 안명수, 신광출판사, 2000
• 한국의 저장발효음식, 윤숙자, 신광출판사, 2001
• 한국인의 장, 한복려 · 한복진, 교문사, 2013
• 한국전통식품포털 www.tradifood.net
• 한국학중앙연구원 www. aks.ac.kr
• 한국향토문화전자대전, 한국학중앙연구원

■ 저자 소개

최은희
세종대학교 조리외식학 박사
수원과학대학교 글로벌한식조리과 교수

쉽게 배우는 한국의 발효음식

2024년 10월 15일 초판 1쇄 인쇄
2024년 10월 20일 초판 1쇄 발행

지은이 최은희
펴낸이 진욱상
펴낸곳 (주)백산출판사
교 정 성인숙
본문디자인 오정은
표지디자인 오정은

저자와의 합의하에 인지첩부 생략

등 록 2017년 5월 29일 제406-2017-000058호
주 소 경기도 파주시 회동길 370(백산빌딩 3층)
전 화 02-914-1621(代)
팩 스 031-955-9911
이메일 edit@ibaeksan.kr
홈페이지 www.ibaeksan.kr

ISBN 979-11-6567-582-0 93590
값 26,000원